高职高专电子信息类课改教材

模拟电子技术

主　编　闵卫锋
副主编　冯春卫　姜育生　王　涛
主　审　马安良

西安电子科技大学出版社

内 容 简 介

　　本书是基于工作过程和项目式教学的理念并结合仿真软件平台编写而成的。全书共六个项目，内容包括小信号放大电路、信号运算和处理电路、负反馈放大电路、振荡电路、功率放大电路和直流稳压电源。在每个项目任务中，以仿真软件 Proteus 或 Multisim 作为辅助教学平台，让学生在自主完成相关技能训练的过程中总结出相应的结论，同时，再配合适度的相关知识讲解，从而激发学生自主学习的积极性。

　　本书可作为高职高专院校电子、通信、计算机、机电、自动化等相关专业的模拟电子技术教材，也可供相关电子技术人员参考。

图书在版编目(CIP)数据

　模拟电子技术/闵卫锋主编 . —西安：西安电子科技大学出版社，2019.1
　ISBN 978 - 7 - 5606 - 5157 - 6

　Ⅰ. ① 模… 　Ⅱ. ① 闵… 　Ⅲ. ① 模拟电路—电子技术 　Ⅳ. ① TN710.4

　中国版本图书馆 CIP 数据核字(2018)第 280661 号

策划编辑　秦志峰
责任编辑　武翠琴　秦志峰
出版发行　西安电子科技大学出版社(西安市太白南路 2 号)
电　　话　(029)88242885　88201467　　　邮　编　710071
网　　址　www. xduph. com　　　　电子邮箱　xdupfxb001@163. com
经　　销　新华书店
印刷单位　陕西利达印务有限责任公司
版　　次　2019 年 1 月第 1 版　2019 年 1 月第 1 次印刷
开　　本　787 毫米×1092 毫米　1/16　印张 12.375
字　　数　289 千字
印　　数　1～3000 册
定　　价　30.00 元
ISBN 978 - 7 - 5606 - 5157 - 6/TN

XDUP 5459001 - 1

＊＊＊如有印装问题可调换＊＊＊

前　言

　　本书是根据教育部制定的高等职业教育培养目标和有关文件精神以及模拟电子技术课程教学的基本要求，并结合虚拟仿真软件平台 Proteus 和 Multi-sim 编写的。编写时，既考虑到要使学生获得必要的基础理论和基本技能，也充分考虑到高职学生的实际情况。在编写过程中，始终坚持理论知识以够用为度，加强应用，以学生为中心，设计工作任务、技能训练等环节，让学生在实际动手做的过程中掌握必备的知识和技能。

　　全书共六个项目，内容包括小信号放大电路、信号运算和处理电路、负反馈放大电路、振荡电路、功率放大电路和直流稳压电源。本书以仿真软件作为辅助教学平台，让学生在自主完成相关技能训练的过程中总结出相应的结论。

　　本书具体编写分工如下：杨凌职业技术学院闵卫锋编写项目 1 和项目 2，并负责全书的统稿和定稿；杨凌职业技术学院冯春卫编写项目 3 和项目 4；陕西工业职业技术学院王涛编写项目 5；陕西省电子科技职业技术学院姜育生编写项目 6。杨凌职业技术学院马安良对本书进行了审读。

　　由于编者水平有限，统稿时间仓促，书中不妥之处在所难免，恳请读者给予批评指正（邮箱：ya1000z@sohu.com），以便修订时改正。

编　者
2018 年 4 月

目　　录

项目 1　小信号放大电路

【学习目标】
- 了解半导体基本知识，熟知二极管的结构和特性。
- 熟悉三极管的结构、符号，熟知其基本特性。
- 熟知小信号放大电路的基本概念、分析方法。
- 学会面包板、万用表的基本使用。

【技能目标】
- 能够正确识别和检测二极管、三极管。
- 学会二极管的基本应用。
- 能够分析小信号放大电路。
- 能够借助半导体器件手册查阅其主要参数。

【任务 1.1】　二极管的特性测试及应用

【任务目标】
- 了解二极管的结构，熟识二极管的符号，熟知二极管的特性。
- 掌握万用表的使用方法，学会二极管的测试方法。
- 正确识别、检测、使用二极管。

【工作任务】
- 面包板、万用表的基本使用。
- 二极管的测试、使用和识别。

1.1.1　二极管的特性测试

一、面包板的使用

面包板也称万用线路板或集成电路实验板，由于板子上有很多小插孔，很像面包中的小孔，故常称为面包板。

图 1.1.1(a)、(b)所示分别为面包板的正、反面。整板使用热固性酚醛树脂制造，板底部镶有金属条，在板上对应位置打孔使得元器件插入孔中时能够与金属条接触，从而达到导电目的。一般将每 5 个孔板用一条金属条连接。板子中央一般有一条凹槽，这是针对需要用集成电路芯片的试验而设计的。板子上、下两侧各有一条或两条插孔，也是 5 个一组，这两组插孔用于给板子上的元器件提供电源和地线。可见，面包板是专为电子电路的无焊接实验设计而制造的。

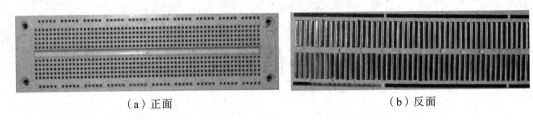

（a）正面　　　　　　　　　　　　　　（b）反面

图 1.1.1　面包板

技能训练——面包板和万用表的熟练使用

测试电路图如图 1.1.2(a)所示，其中 E 所示的直流 5 V 电压源可选用实验室的直流稳压电源，小灯泡 X_1 可选用 2.5 V 小灯泡。

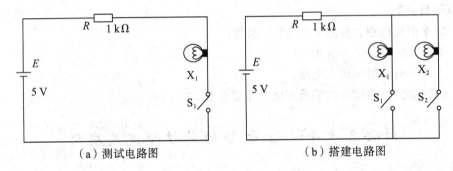

（a）测试电路图　　　　　　　　　　　（b）搭建电路图

图 1.1.2　面包板搭建电路

训练步骤如下：

（1）在面包板上或在仿真软件(Multisim、Proteus)中按照图 1.1.2(a)所示搭建电路，闭合开关 S_1，观测小灯泡是否点亮。若未点亮，则利用万用表查找原因，直至小灯泡点亮。

（2）按照图 1.1.2(b)所示在面包板上或在仿真软件中搭建好电路，闭合开关 S_1 和 S_2，观测在 S_1 和 S_2 同时闭合和分别闭合时小灯泡 X_1 和 X_2 的亮度。

（3）在图 1.1.2(b)所示 X_1 和 X_2 所在支路分别串入直流电流表，或用间接法测试、计算并记录此时电路的电流 $I_1 = $ _____，$I_2 = $ _____。

上述训练过程中，电子元器件可根据需要随意插入或拔出，免去了焊接，节省了电路的组装时间，而且元件可以重复使用，所以非常适合电子电路的组装、调试和训练。

熟练掌握面包板的使用方法是提高实验效率、减少实验故障出现概率的重要基础之一。

　知识拓展

万用表是电气人员的基本工具，使用它判断某一线路的通断也是一项基本技能。

对于指针式万用表，如图 1.1.3 所示，将表笔正确插入万用表，挡位调至欧姆(Ω)乘 1 挡，然后将黑、红表笔短接，左右旋转调零旋钮，使指针指向最右面的零处之后，再把两只表笔任意接在待测电路两端，表针指向零(最右端)表示电路导通，表针指向无穷大(最左端)则表示电路不通。

对于数字式万用表，将表笔正确插入万用表，按下图 1.1.4 所示万用表的"power"按钮（即电源键），将中间的大旋钮调至如图 1.1.4 所示的通断挡位，将红笔和黑笔短接，此时应当能听到蜂鸣声。如果没有蜂鸣声，首先检查表笔是否插好，挡位是否正确。确认无误后可按下"hold"键切换，直至表笔接触能听到蜂鸣声。将红笔和黑笔分别与线路的两端导线接触，若听到蜂鸣声则可判断线路是导通的，否则是不通的。判断线路通断时要注意确保表笔与导线良好接触，否则容易误判。

图 1.1.3　指针式万用表

图 1.1.4　数字式万用表

二、二极管的识别

常见二极管的实物图如图 1.1.5 所示。为了使电路分析方便，常用图 1.1.5 最右边所示的符号来表示二极管，符号中的三角箭头代表了二极管正向导通时工作电流的方向。

　普通二极管　　　发光二极管　　　贴片二极管　　金属封装二极管　　玻璃封装二极管　二极管符号

图 1.1.5　二极管实物图及符号

技能训练——二极管的识别和初测

训练步骤如下：

（1）利用目测法分别观测 1N4007 和 LED 的外形，试判断其正、负极的标注规则。

（2）用数字式万用表的欧姆挡（20 kΩ）测试 1N4007 正、反两个方向的电阻值并记录其阻值，$R_正 = $_____，$R_反 = $_____；用数字式万用表的欧姆挡（20 kΩ）测试红色 LED 正、反两个方向的电阻值并记录其阻值，$R_正 = $_____，$R_反 = $_____。

(3) 用指针式万用表的欧姆挡(1 kΩ)测试 1N4007 正、反两个方向的电阻值并记录其阻值，$R_正$＝_____，$R_反$＝_____；用指针式万用表的欧姆挡(1 kΩ)测试红色 LED 正、反两个方向的电阻值并记录其阻值，$R_正$＝_____，$R_反$＝_____。

结论：普通二极管标注的是其_____(正/负)极，LED 标注的是其_____(正/负)极；正、反两次测试中，阻值较小的一次数字表的红表笔接触的是二极管或 LED 的_____(正/负)极，指针表的红表笔接触的是二极管或 LED 的_____(正/负)极。

 相关知识

二极管(Diode)是由一个 PN 结、电极引线以及外壳封装构成的两端电子器件。二极管经过特殊的焊接工艺，由 P 型半导体引出正极或阳极(Anode)，由 N 型半导体引出负极或阴极(Cathode)，再加上保护外壳而构成。二极管结构如图 1.1.6 所示。

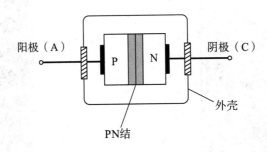

图 1.1.6　二极管结构示意图

二极管的种类较多，按制作二极管的半导体材料可分为硅(Si)二极管和锗(Ge)二极管。在未说明情况下，通常使用的均默认为硅材料二极管。

二极管按结构可分为点接触型和面接触型。点接触型二极管的工作频率高，不能承受较高的电压和通过较大的电流，多用于检波、小电流整流或高频开关电路，其结构图如图 1.1.7(a)所示。面接触型二极管的工作电流和能承受的功率都较大，但适用的频率较低，多用于整流、稳压、低频开关电路等方面，其结构图如图 1.1.7(b)所示。

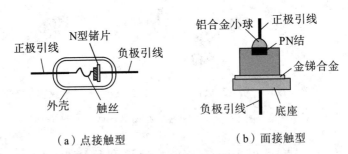

（a）点接触型　　　　　　（b）面接触型

图 1.1.7　二极管点、面结构示意图

二极管按用途可分为稳压二极管、整流二极管、检波二极管、开关二极管、发光二极管、光电二极管等。

二极管的正负电极可以通过目测来判断。对于普通二极管(如常用的 1N 系列)，标有银色色环的一端为二极管负极，另一端为其正极，如图 1.1.8 所示。对于发光二极管(LED)，引脚长的为正极，短的为负极。如果引脚被剪得一样长了，发光二极管管体内部金属极较小的是正极，大的片状的是负极，如图 1.1.9 所示。倘若标识已看不清，还可以借助万用表来检测二极管的正负极。

图 1.1.8　普通二极管电极标识　　　　　图 1.1.9　LED 电极标识

 知识拓展

1. 半导体的导电特性

自然界的物质，按其导电能力可分为导体、绝缘体和半导体。导体的导电性能很好，如金、银、铜等。绝缘体的导电性能很差，如塑料、云母、陶瓷等。半导体的导电性能介于导体和绝缘体之间。常用的半导体材料有硅、锗、硒和砷化镓等。

半导体之所以得到广泛应用，并不是因为它具有一定的导电能力，而是因为它具有以下导电特性：

(1) 热敏性。半导体对温度很敏感，电阻率随温度升高而减小，即呈负温度系数特性。利用半导体的热敏特性，可制造热敏元件(如彩色电视机中的消磁电阻)。

(2) 光敏性。半导体对光照也很敏感，其电阻率随光照而变化。利用半导体的光敏性，可制造光敏元件。

(3) 可掺杂性。半导体的电阻率随掺入微量杂质的不同而发生显著变化。利用这一特性，通过工艺手段，可以制造出各种性能和用途的半导体器件。

除以上三个主要特性之外，压力、磁场、电场以及不同气体，都对半导体的导电性能有影响。利用这些特性，可以制成各种半导体器件，如热敏、光敏、磁敏、压敏、气敏等器件，广泛应用于电子技术的各个领域。

2. PN 结及其导电特性

1) P 型半导体和 N 型半导体

纯净的半导体叫本征半导体。常温下，本征半导体中载流子(带负电的自由电子和带正电的空穴)的浓度很低，其导电能力很弱。但是如果有选择地加入某些其他元素(称为杂质)，就会使它的导电能力大大增强，这样的半导体称为杂质半导体。杂质半导体有 P 型半导体和 N 型半导体两类。

如果在半导体硅、锗中掺入微量三价元素(硼)，就会产生大量空穴。半导体中的多数载流子是空穴，少数载流子是自由电子。这种半导体主要是带正电的空穴参与导电，所以称其为空穴型半导体，或 P 型半导体。

在半导体硅、锗中掺入微量五价元素(磷、砷)，将会使自由电子大量增加。自由电子成为多数载流子而空穴是少数载流子。半导体主要依靠自由电子导电，这种半导体称为电子型半导体，或 N 型半导体。

2）PN 结的形成

在一块本征半导体硅或锗上，采用掺杂工艺，使一边形成 N 型半导体，另一边形成 P 型半导体。

由于 P 区空穴浓度比 N 区空穴浓度大，N 区自由电子浓度比 P 区自由电子浓度大，在 N 型半导体和 P 型半导体的交界面，产生多数载流子的扩散运动，由于载流子的扩散运动，P 区一侧失去空穴，剩下负离子；N 区一侧失去自由电子，剩下正离子。结果在交界面附近形成一个空间电荷区，这个空间电荷区就是 PN 结，如图 1.1.10 所示。在 PN 结内产生一个方向由 N 区指向 P 区的内电场，这个内电场使 PN 结的宽度不变。

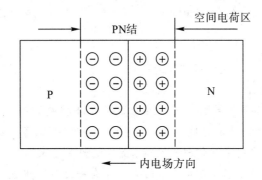

图 1.1.10　PN 结的形成

三、二极管特性测试

技能训练——二极管的单向导电性

测试电路如图 1.1.11 所示，其中二极管 V_D 为 1N4007，电阻 R 为 1 kΩ。

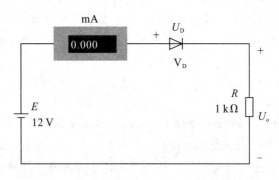

图 1.1.11　二极管单向导电性测试

测试步骤如下：

（1）按图 1.1.11 所示在面包板上或在仿真软件（Multisim、Proteus）中正确搭建电路。

（2）在输入端接入 12 V 直流电压，即此时二极管两端所加的电压为正向电压，测量输出电压和电流的大小，并记录：$U_。=$ _____ V，$I=$ _____ mA，$U_D=$ _____ V。

结论：当二极管两端所加电压为正向电压时，二极管将_____（导通/截止）。

（3）保持步骤（2），将二极管反接，即此时二极管两端所加的电压为反向电压，测量输出电压和电流的大小，并记录：$U_o =$_____ V，$I =$_____ mA，$U_D =$_____ V。

结论：当二极管两端所加电压为反向电压时，二极管将_____（导通/截止）。

（4）用万用表直接测量二极管的正、反向电阻，比较大小并记录：正向电阻＝_____ Ω，反向电阻＝_____ Ω。

结论：二极管_____（具有/不具有）单向导电性，且正向导通时管压降为_____ V。

 知识拓展

所谓 PN 结的单向导电性，就是当 PN 结外加正向电压时，有较大电流通过 PN 结，而且通过的电流随外加电压的升高而迅速增大；而当 PN 结外加反向电压时，通过 PN 结的电流非常微小，而且电流几乎不随外加电压的增加而变化。

1. PN 结的正向导通特性

当 PN 结外加正向电压，即把电源正极接 P 区，电源负极接 N 区时，称 PN 结为正向偏置，简称正偏。这时外电场与内电场方向相反，PN 结变窄，N 区的多数载流子自由电子和 P 区的多数载流子空穴进行扩散运动，在回路中形成较大的正向电流 I_F，PN 结正向导通，呈低阻状态，如图 1.1.12(a) 所示。

2. PN 结的反向截止特性

当 PN 结外加反向电压，即把电源正极接 N 区，电源负极接 P 区时，称 PN 结为反向偏置，简称反偏。这时外电场与内电场方向相同，PN 结变宽，多数载流子扩散受阻，N 区的少数载流子空穴和 P 区的少数载流子自由电子在回路中形成非常小的反向电流 I_R，PN 结反向截止，呈高阻状态，如图 1.1.12(b) 所示。

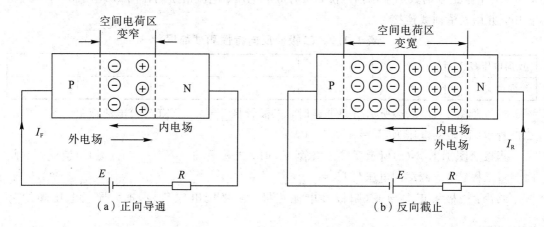

图 1.1.12 PN 结的单向导电性

综上所述，PN 结外加正向电压时，PN 结的正向电阻小，正向电流 I_F 较大，PN 结外加反向电压时，PN 结的反向电阻很大，反向电流 I_R 很小，即 PN 结具有单向导电性。

技能训练——二极管的伏安特性

测试电路图如图 1.1.13(a)所示，其中电位器 R_1 的阻值为 10 kΩ。

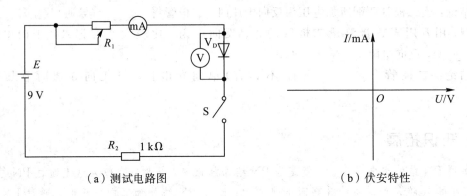

（a）测试电路图　　　　　　　　　（b）伏安特性

图 1.1.13　二极管的伏安特性测试

训练步骤如下：

（1）在面包板上或在仿真软件(Multisim、Proteus)中按照图 1.1.13(a)所示搭建电路，闭合开关 S，改变电位器 R_1 的阻值，同时测出不少于 5 组电流表和电压表的值，并把测量的数据记录在表 1.1.1 中。采用描点法，把记录的数据绘制在图 1.1.13(b)所示的坐标中，并用光滑曲线连接。

表 1.1.1　二极管正向特性测试数据

正向电压 U/V					
正向电流 I/mA					

（2）把二极管反接，闭合开关 S，改变电位器 R_1 的阻值，并把测量的数据记录在表 1.1.2 中，把记录的数据采用描点法，将对应的电压、电流值绘制在图 1.1.13(b)所示的坐标中，并用光滑曲线连接。

表 1.1.2　二极管反向特性测试数据

反向电压 U/V					
反向电流 I/mA					

当按照图 1.1.13(a)所示搭建电路时，二极管将＿＿＿＿＿＿（有/无）电流流过，此时测量二极管 V_D 两端的电压为 $U_D=$＿＿＿＿＿＿ V；

当按照图 1.1.13(a)所示反接二极管 V_D 时，二极管将＿＿＿＿＿＿（有/无）电流流过，此时测量二极管 V_D 两端的电压为 $U_D=$＿＿＿＿＿＿ V。

结论：二极管正向导通（阳极接电池正极，阴极接电池负极）时，导通电压降约为＿＿＿＿＿＿ V。

 相关知识

二极管的伏安特性是指通过二极管的电流与其两端电压之间的关系。二极管的伏安特性可以用图 1.1.13(a)所示电路测定。改变电位器 R_1，从电压表和电流表上可以读出二极管两端的电压和流过的电流值，每改变一次电位器的阻值，就可以读出一组电压、电流值，把若干组数值绘制在 I-U 直角坐标系中，就得到硅二极管的伏安特性曲线，如图 1.1.14 所示。

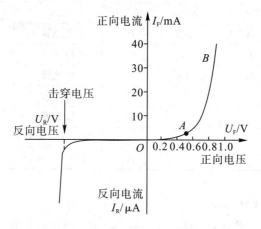

图 1.1.14 二极管的伏安特性

1. 正向特性

在正向特性曲线的 OA 段，由于正向电压较小，正向电流很小，故称为死区。通常将 A 点对应的电压称为死区电压或阈值电压 U_{th}。硅管的死区电压约为 0.5 V，锗管约为 0.1 V。

在正向电压超过死区电压后，正向电流迅速增大，二极管正向电阻变小，二极管导通。如图 1.1.14 所示的 AB 段，二极管导通后二极管两端的电压变化很小，基本上是个常数，称为二极管的导通压降或导通电压 U_{on}。通常硅管的导通压降约为 0.7 V，锗管约为 0.3 V。

2. 反向特性

只需将图 1.1.13(a) 所示的直流电源反接，即在反向电压的作用下，反向电流极小，二极管反向截止。反向电流越小，说明二极管的反向电阻越大，反向截止性能越好。通常硅管约为几微安到几十微安，锗管可达几百微安。

当外加反向电压增大到一定值时，反向电流突然增大，二极管被反向击穿。这时所加的反向电压值称为反向击穿电压 U_{BR}。

3. 二极管的命名规则

二极管的种类繁多，各类二极管用不同型号来表示。国产二极管的命名由五部分组成，其示意图如图 1.1.15 所示，其符号意义见表 1.1.3。如 2AX36 表示 N 型低频小功率锗二极管；2BK6 表示 P 型锗材料开关管；2CZ6 表示 N 型整流硅二极管。

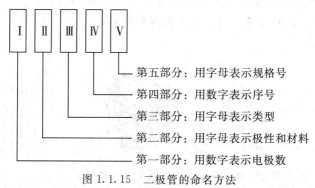

图 1.1.15 二极管的命名方法

表 1.1.3　二极管命名方法

第Ⅰ部分		第Ⅱ部分		第Ⅲ部分		第Ⅳ部分	第Ⅴ部分
符号	意义	符号	意义	符号	意义		
2	二极管	A	N型锗	P	普通管	用数字表示同一类产品性能与参数的差别	用字母标识产品规格
		B	P型锗	W	稳压管		
		C	N型硅	Z	整流管		
		D	P型硅	K	开关管		
				V	微波管		
				X	低频小功率管		
				G	高频小功率管		

4. 二极管的参数

(1) 最大平均整流电流 I_{FM}。

I_{FM} 是指二极管长期工作时，允许通过的最大正向平均电流。它与 PN 结的面积、材料及散热条件有关。实际应用时，工作电流应小于 I_{FM}，否则可能导致结温过高而烧毁 PN 结。

(2) 最高反向工作电压 U_{RM}。

U_{RM} 是指二极管反向应用时，所允许加的最大反向电压。实际应用时，当反向电压增加到击穿电压 U_{BR} 时，二极管可能被击穿损坏，因而，U_{RM} 通常取为 $(1/2 \sim 2/3)U_{BR}$。

(3) 反向电流 I_R。

I_R 是指二极管未被反向击穿时的反向电流。I_R 愈小，表明二极管的单向导电性能愈好。另外，I_R 与温度密切相关，使用时应注意。

(4) 最高工作频率 f_M。

f_M 是指二极管正常工作时，允许通过交流信号的最高频率。实际应用时，不要超过此值，否则二极管的单向导电性将显著退化。f_M 的大小主要由二极管的电容效应来决定。

四、特殊二极管

发光二极管(Light Emitting Diode)简称 LED，是一种能够将电能转化为可见光的固态半导体器件，在我们日常生活中随处可见，如 LED 显示屏、电源指示灯、交通信号灯、LED 手电筒、家用照明灯等。LED 改变了白炽灯钨丝发光与节能灯三基色粉发光的原理，而采用电场发光，被称为第四代照明光源或绿色光源，它具有节能、环保、寿命长、体积小等特点。随着国民经济的发展，LED 的应用领域正在不断得到扩展。

LED 是二极管家族的特殊器件，其实物图和符号如图 1.1.16 所示，一般引脚较长的一端为其正极。

图 1.1.16　LED 实物图及其符号

技能训练——LED 测试

测试电路图如图 1.1.17(a) 所示，其中 LED 为红色发光二极管，电位器 R_1 的阻值为 10 kΩ。

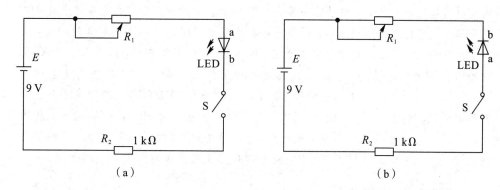

（a）　　　　　　　　　　　　　　（b）

图 1.1.17　LED 测试

训练步骤如下：

（1）在面包板上或在仿真软件(Multisim、Proteus)中按照图 1.1.17(a) 所示搭建电路，并串入电流表。闭合开关 S，逐渐旋转电位器 R_1，观测到发光二极管 LED 开始点亮时，记录此时 LED 两端电压 U_{ab} 和电流 I_{ab}。

（2）按照图 1.1.17(b) 所示在面包板上或在仿真软件 Multisim 中搭建好电路，并串入电流表。闭合开关 S，观测发光二极管 LED 是否发光，记录此时 LED 两端电压 U_{ba} 和电流 I_{ba}。

结论：正向偏置时，LED _____，反向偏置时，LED _____，即 LED 具有 _____，红色 LED 导通电压降约为 _____ V。

 ## 知识拓展

发光二极管简称为 LED，由含镓(Ga)、砷(As)、磷(P)、氮(N)等的化合物制成。当电子与空穴复合时能辐射出可见光，因而可以用来制成发光二极管。在电路及仪器中作为指示灯，或者组成文字或数字显示。砷化镓二极管发红光，磷化镓二极管发绿光，碳化硅二极管发黄光，氮化镓二极管发蓝光。因化学性质不同又分有机发光二极管（OLED）和无机发光二极管（LED）。

发光二极管与普通二极管一样是由一个 PN 结组成的，也具有单向导电性。当给发光二极管加上正向电压后，从 P 区注入 N 区的空穴和由 N 区注入 P 区的电子，在 PN 结附近数微米内分别与 N 区的电子和 P 区的空穴复合，产生自发辐射的荧光。不同的半导体材料中电子和空穴所处的能量状态不同。当电子和空穴复合时释放出的能量多少不同，释放出的能量越多，则发出的光的波长越短。常用的是发红光、绿光或黄光的二极管。发光二极管的反向击穿电压大于 5 V。它的正向伏安特性曲线很陡，使用时必须串联限流电阻以控制通过二极管的电流。

与白炽灯泡和氖灯相比，发光二极管的特点是：

◇ 工作电压很低(有的仅一点几伏特);

◇ 工作电流很小(有的仅零点几毫安即可发光);

◇ 抗冲击和抗震性能好,可靠性高,寿命长;

◇ 通过调制通过的电流强弱可以方便地调制发光的强弱。

由于有这些特点,发光二极管在一些光电控制设备中用作光源,在许多电子设备中用作信号显示器。把它的管芯做成条状,用7条条状的发光管组成7段式半导体数码管,每个数码管可显示0~9这10个阿拉伯数字以及A、B、C、D、E、F等字母,如图1.1.18所示。

随着行业的继续发展、技术的飞跃突破和应用的大力推广,LED的光效也在不断提高,价格不断走低。新的组合式管芯的出现,也让单个LED管(模块)的功率不断提高。通过不断努力研发,新型光学设计有所突破,新灯种正在被开发出来,产品单一的局面也有望再进一步扭转。控制软件的改进,也使得LED照明产品(如图1.1.19所示)使用更加便利。这些逐步的改变,都体现出了LED发光二极管在照明应用方面的广阔前景。

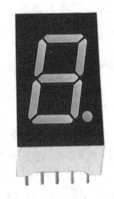

图 1.1.18　LED 数码管

图 1.1.19　LED 产品

技能训练——稳压二极管特性测试

测试电路图如图1.1.20(a)所示,其中电位器 R_1 的阻值为 10 kΩ。

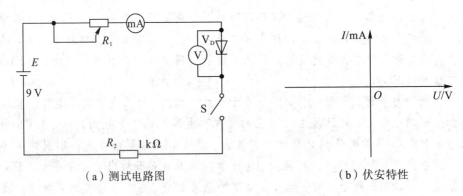

（a）测试电路图　　　　　（b）伏安特性

图 1.1.20　稳压二极管的特性测试

训练步骤如下:

(1) 在面包板上或在仿真软件(Multisim、Proteus)中按照图1.1.20(a)所示搭建电路,闭合开关 S，改变电位器 R_1 的阻值，同时测出不少于 6 组电流表和电压表的值，并把测量的数据记录在表 1.1.4 中。采用描点法，将对应的电压、电流值绘制在图 1.1.20（b）所示的坐标中，并用光滑曲线连接。

表 1.1.4　稳压二极管正向特性测试数据

正向电压 U/V						
正向电流 I/mA						

（2）把稳压二极管反接，闭合开关 S，改变电位器 R_1 的阻值，并把测量的数据记录在表 1.1.5 中。采用描点法，将对应的电压、电流值绘制在图 1.1.20（b）所示的坐标中，并用光滑曲线连接。

表 1.1.5　稳压二极管反向特性测试数据

反向电压 U/V						
反向电流 I/mA						

当按照图 1.1.20（a）所示搭建电路时，稳压二极管_____（有/无）_____（大/小）电流流过，此时测量稳压管两端的电压变化_____（大/小）。

当反接稳压二极管 V_D 时，稳压二极管将_____（有/无）电流流过，此时测量 V_D 两端的电压为 $U_D =$ _____ V。

结论：稳压二极管正向导通时，与普通二极管_____（相似/不同）；反向工作时，稳压二极管具有稳压作用。

相关知识

1. 稳压二极管

稳压二极管，英文名称为 Zener Diode，又叫齐纳二极管，简称稳压管。它的正向特性与普通二极管相似，但在反向击穿状态下，当流过稳压管的反向电流在一定范围内有较大变化时，管子两端的反向电压却变化很小。其伏安特性曲线如图 1.1.21 所示，符号和实物如图 1.1.22 所示。稳压管正是利用其电流可在很大范围内变化而电压基本不变来实现稳压的。为了防止稳压管热击穿而损坏，常常在电路中要串联适当的限流电阻。

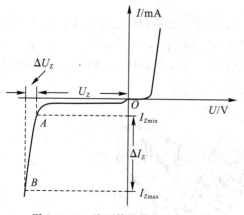

图 1.1.21　稳压管的伏安特性曲线

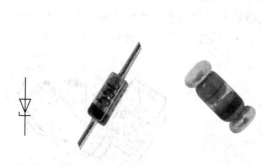

图 1.1.22　稳压管的符号和实物

2. 稳压管的主要参数

(1) 稳定电压 U_Z。

稳定电压 U_Z 指稳压管通过额定电流时两端产生的稳定电压值。该值随工作电流和温度的不同而略有改变。由于制造工艺的差别，同一型号稳压管的 U_Z 也不完全一致。例如，2CW51 型稳压管的 U_{Zmin} 为 3.0 V，U_{Zmax} 则为 3.6 V。

(2) 额定电流 I_Z。

额定电流 I_Z 指稳压管产生稳定电压时通过该管的电流值。低于此值时，稳压管虽然还能稳压，但稳压效果会变差；高于此值时，只要不超过额定功率损耗，也是允许的，而且稳压性能会好一些，但要多消耗电能。

(3) 动态电阻 R_Z。

动态电阻 R_Z 指稳压管两端电压变化与电流变化的比值。该比值随工作电流的不同而改变，一般是工作电流愈大，动态电阻则愈小。例如，2CW7C 型稳压管的工作电流为 5 mA 时，R_Z 为 18 Ω；工作电流为 10 mA 时，R_Z 为 8 Ω；工作电流为 20 mA 时，R_Z 为 2 Ω。R_Z 愈大，反映稳压管的击穿特性愈陡。

(4) 额定功耗 P_Z。

额定功耗 P_Z 由稳压管允许温升决定，其数值为稳定电压 U_Z 和允许最大电流 I_m 的乘积。例如，2CW51 型稳压管的 U_Z 为 3 V，I_m 为 20 mA，则该管的 P_Z 为 60 mW。

(5) 温度系数 α。

如果稳压管的温度变化，它的稳定电压也会发生微小变化，温度变化 1℃ 所引起的管子两端电压的相对变化量即是温度系数（单位：%/℃）。一般来说稳压值低于 6 V 属于齐纳击穿，温度系数是负的；高于 6 V 的属于雪崩击穿，温度系数是正的。

1.1.2　二极管的检测

由于二极管具有单向导电性能，表现为正向电阻值小，反向电阻值很大。根据这个特点，可用万用表电阻挡来判断它的好坏和极性。

一、指针式万用表检测二极管

将万用表拨到电阻挡并选用"R×100"或"R×1k"；将黑表笔和红表笔短接，此时指针偏至刻度盘的右端，观测指针是否指向零处，若未和零处对齐，则调节欧姆调零旋钮，直至指针和零处对齐；测出待测二极管正、反方向的阻值，两次测量值中，阻值小的那次与黑表笔相接的电极为二极管的阳极。检测过程如图 1.1.23 所示。

图 1.1.23　用指针式万用表检测二极管

若两次测得的电阻值都很小，则说明二极管内部短路；若两次测得的电阻值都很大，则说明管子内部断路；若两次测得的电阻值相差不大，则说明管子性能很差。

 知识拓展

1. 指针式万用表测量电阻的原理

指针式万用表欧姆挡的测量原理图如图 1.1.24(a)所示，其中 G 是表头(电流表)，其内阻为 R_g，E 为万用表所加载的干电池，其内阻为 r，电阻 R 为可变电阻，称为调零电阻。

从图中可以明显看出，万用表的红表笔接干电池的负极，黑表笔与干电池的正极连接。待测器件与万用表构成的测量电路如图 1.1.24(b)所示，通过表头的电流 $I = \dfrac{E}{R_g+r+R+R_x}$。待测电阻 R_x 的阻值不同，表头电流 I 便得到不同的值，从而在刻度盘上就可读出对应的待测电阻的阻值 R_x。

当 $R_x = 0$，即黑、红表笔短接时，电路如 1.1.24 图(c)所示，$I = \dfrac{E}{R_g+r+R}$，此时电流达到最大值，刻度盘指针满偏，位于最右端；当 R_x 为无穷大时，电流 I 达到最小值，刻度盘指针位于最左端。

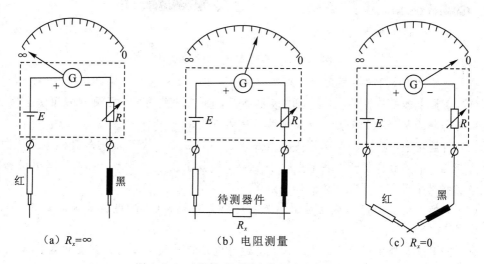

（a）$R_x=\infty$　　　　　（b）电阻测量　　　　　（c）$R_x=0$

图 1.1.24　指针式万用表检测电阻的原理

2. 指针式万用表使用注意事项

使用万用表之前，必须熟悉各转换开关、旋钮、测量插孔、专用插口的作用，了解清楚每条刻度线所对应的被测量程及其读数方法，检查表笔有无损坏、引线绝缘层是否完好，以确保操作人员和仪表的安全。

（1）具体进行测量前，先检查红、黑表笔连接的位置是否正确。红色表笔接到红色接线柱或标有"＋"号的插孔内，黑色表笔接到黑色接线柱或标有"－"号的插孔内，不能接反，否则在测量直流电量时会因正负极的反接而使指针反转，损坏表头部件。

（2）在表笔连接被测电路之前，首先明确要测什么和怎样测，然后将转换开关拨至相应的测量项目和量程挡。一定要查看所选挡位与测量对象是否相符，否则，误用挡位和量程，不仅得不到测量结果，而且还会损坏万用表。在此提醒初学者，万用表损坏往往就是上述原因造成的。

（3）测量前，假如预先无法估计被测量的大小，应先拨至最高量程挡，再逐渐降低到合适量程。

（4）万用表应水平放置，否则会引起测量误差。当指针不在机械零点时，如图 1.1.25 所示，需用螺丝刀调整表头下方的调整螺钉，使指针回零，以消除零点误差。读数时，视线应正对着指针，以免产生误差。若表盘上装有反射镜，则眼睛看到的指针应与镜子中的影子重合。

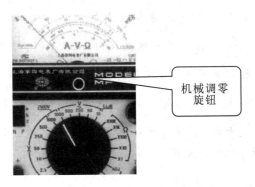

机械调零旋钮

（a）机械零点　　　　　　　　　　　（b）机械调零旋钮

图 1.1.25　指针式万用表机械调零

（5）测量时，须用单手握住两支表笔，手指不要触及表笔的金属部分和被测元器件。

（6）测量中若需转换量程，必须在表笔离开电路后才能进行，否则选择开关转动产生的电弧易烧坏选择开关的触点，造成接触不良的事故。

（7）测量完毕，应将量程开关拨至最高电压值，防止下次开始使用时不慎烧毁仪表。若设有空挡，用完后应将开关拨到"·"位置，使测量机构内部开路；若设有"OFF"挡，使用完毕应将功能开关拨于该挡，使表头短路。

（8）更换万用表内部的熔丝管时，必须选用同一规格（熔断电流及尺寸都相同）的熔丝管。

（9）万用表长期不用时应将电池取出，避免电池存放过久变质或渗出电解液腐蚀万用表外壳。

二、用数字式万用表检测二极管

将数字式万用表拨至二极管"蜂鸣"挡，两表笔任意连接待测二极管两个引脚，表盘上会显示 200～700 范围的某个数字，或显示超量程；若将两表笔互换位置，表盘显示与上次测量相反，如图 1.1.26 所示，此时数字式万用表显示的是所测二极管的导通压降，单位为 mV。正常情况下，正向测量时导通压降为 300～700 mV，反向测量时为溢出"1"。由于数字式万用表红表笔连接表内所装载电池的正极，黑表笔连接电池的负极，因此与数字式万用表红表笔所连接的为二极管的正极。

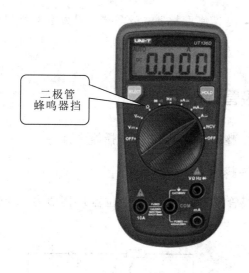

（a）蜂鸣器挡　　　　　　　　　（b）二极管测量

图 1.1.26　用数字式万用表检测二极管

若正反测量均显示"000"，则说明二极管短路；若正向测量显示溢出"1"，则说明二极管开路。另外，此法可用来辨别硅管和锗管。若正向测量的压降范围为 500～800 mV，则所测二极管为硅管；若压降范围为 150～300 mV，则所测二极管为锗管。

发光二极管（LED）用数字式万用表检测判断的方法与普通二极管检测方法类似，正反两次所测的电压中，溢出"1"时，LED 不发光；LED 发光时，显示的数值为对应 LED 正向导通时的压降，此时红表笔所连接为 LED 的正极。若两次测得均溢出"1"或均不发光，则表明该 LED 已损坏。

 知识拓展

数字式测量仪表已成为主流，因为数字式仪表灵敏度高，准确度高，显示清晰，过载能力强，便于携带，使用更简单。

1. 数字式万用表使用注意事项

（1）量程开关应置于正确测量位置。

（2）检查表笔绝缘层应完好，无破损和断线。

（3）红、黑表笔应插在符合测量要求的插孔内，保证接触良好。

（4）严禁量程开关在电压测量或电流测量过程中改变挡位，以防损坏仪表。

（5）必须用同类型规格的保险丝更换坏保险丝。

（6）为防止电击，测量公共端"COM"和大地之间电位差不得超过 1000 V。

（7）液晶显示电池符号时，应及时更换电池，以确保测量精度。

（8）测量完毕应及时关断电源，长期不用时，应取出电池。

2. 指针式和数字式万用表的优缺点

指针式与数字式万用表各有优缺点。指针式万用表内部结构简单，所以成本较低，功能较少，维护简单，过流、过压能力较强。数字式万用表内部采用了多种振荡、放大、分频保护等电路，所以功能较多。对于电子初学者，建议使用指针式万用表，因为它对我们熟悉一些电子知识原理很有帮助。

1.1.3　二极管的应用

利用二极管的单向导电特性，可实现开关、整流、限幅及电平选择等功能。

技能训练——普通二极管的开关作用

测试电路图如图 1.1.27(a)所示，其中二极管 V_D 为 1N4007，电位器 R_1 阻值为 10 kΩ，负载电阻 R_2 为 1 kΩ。

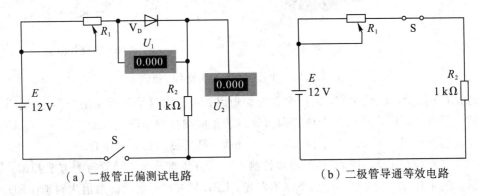

（a）二极管正偏测试电路　　　　　　（b）二极管导通等效电路

图 1.1.27　二极管正偏测试

训练步骤如下：

（1）在面包板上或在仿真软件中按照图 1.1.27(a)所示搭建电路，并在二极管 V_D 和负载电阻 R_2 两端分别并入电压表。闭合开关 S，逐渐旋转电位器 R_1，把测量的电压值 U_1 和 U_2 的值分别记录在表 1.1.6 中。

表 1.1.6　二极管正偏等效开关闭合

二极管电压 U_1/V					
负载电压 U_2/V					

（2）当二极管正向导通时，其上的导通电压为＿＿＿＿＿ V，此时负载电阻 R_2 上的电压 U_2 与电源电压 E 的关系是 U_2 ＿＿＿＿＿ E（大于/小于/近似等于），即二极管呈现＿＿＿＿＿（短路/开路）特性，可等效为开关的＿＿＿＿＿（闭合/断开），此时的等效电路如图 1.27(b) 所示。

结论：二极管正偏，当满足电源电压远大于其导通电压时，可以忽略二极管的导通电压的影响，二极管呈现出短路特性，可等效为闭合的开关。

（3）在面包板上或在仿真软件中按照图 1.1.28(a)所示搭建电路，将二极管 V_D 反接，闭合开关 S，逐渐旋转电位器 R_1，把测量的电压值 U_2 和电流值 I 分别记录在表 1.1.7 中。

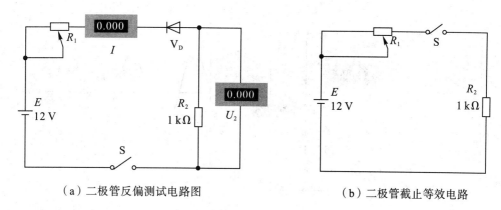

（a）二极管反偏测试电路图　　　　　　　　　（b）二极管截止等效电路

图 1.1.28　二极管反偏测试

表 1.1.7　二极管反偏等效开关断开

二极管电流 I/mA						
负载电压 U_2/V						

（4）当二极管反接时，流过二极管的电流 I _____ 0 mA(大于/小于/近似等于)，此时负载电阻 R_2 上的电压 U_2 为 _____ V(0/无穷大/电源电压)，即二极管呈现 _____ (短路/开路)特性，可等效为开关的 _____ (闭合/断开)，此时的等效电路如图 1.1.28(b)所示。

结论：二极管反偏时，流过二极管的电流近似为零，此时二极管呈现出高阻抗特性，可等效为开关的断开。

在电路中，开关用于接通或断开电路。对于理想开关，接通时的电阻为零，开关两端的电压为零；断开时其电阻为无穷大，通过开关的电流为零，而其两端的电压等于其外加电压。所以在对电路做定性分析时，通常将二极管作为理想开关对待；而做定量分析计算时，对于硅材料的二极管，其导通电压常常取 0.7 V，从而保证计算结果的准确性。

技能训练——二极管的限幅作用

测试电路图如图 1.1.29(a)所示，其中二极管 V_D 为 1N4007，电阻 R 称为限流电阻，其阻值为 1 kΩ。U_{REF} 为基准电压，U_i 为输入电压。

训练步骤如下：

（1）在面包板上或在仿真软件 Multisim 中按照图 1.1.29(a)所示搭建电路，闭合开关 S，保持参考电压 U_{REF} 为某一定值(如 3 V)，在输入电压取不同值时，将二极管两端的电压 U_1 记录在表 1.1.8 中。

表 1.1.8　二极单向限幅测试

输入电压 U_i/V	1	2	10	12	16	20
二极管电压 U_1/V						
输出电压 U_o/V						

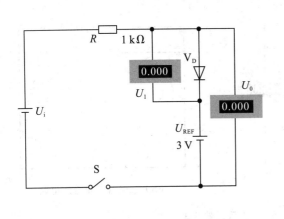

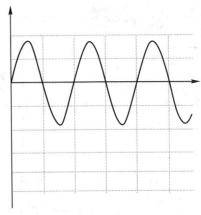

（a）单向限幅测试电路　　　　　　　（b）单向限幅输入、输出波形

图 1.1.29　二极管单向限幅测试

当 $U_i > U_{REF}$ 时，二极管上的导通电压 U_1 为 ＿＿＿＿＿＿ V，此时二极管 ＿＿＿＿＿＿（导通/截止/无法判断），输出电压 $U_。$ ＿＿＿＿＿＿ U_{REF}（大于/小于/近似等于）。

当 $U_i < U_{REF}$ 时，二极管上的导通电压 U_1 为 ＿＿＿＿＿＿ V，此时二极管 ＿＿＿＿＿＿（导通/截止/无法判断），输出电压 $U_。$ ＿＿＿＿＿＿ U_{REF}（大于/小于/近似等于）。

（2）在图 1.1.29(a)所示的电路中，将输入电压 U_i 改为振幅为 5 V、频率为 50 Hz 的正弦波，用数字示波器观测输入、输出波形，并在图 1.1.29(b)所示的坐标轴上绘制出在数字示波器中所观测到的输出波形。

通过波形可以看出，输出波形的 ＿＿＿＿＿＿（正半/负半）周期被限幅而削平，输出电压的幅度被限制在参考电压 U_{REF} ＿＿＿＿＿＿（之上/之下）。

（3）在面包板上或在仿真软件 Multisim 中按照图 1.1.30(a)所示搭建电路，闭合开关 S，用双踪数字示波器观测输入、输出波形，并在图 1.1.30(b)所示的坐标轴上绘制出在数字示波器中所观测到的输出波形。

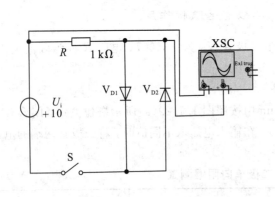

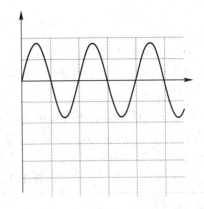

（a）双向限幅测试电路　　　　　　　（b）双向限幅输入、输出波形

图 1.1.30　二极管双向限幅测试

在输入电压 U_i 的正半周期，当 $U_i > 0.7$ V 时，二极管_____（V_{D1}/V_{D2}）导通，二极管_____（V_{D1}/V_{D2}）截止，输出电压 U_o 为_____ V。

在输入电压 U_i 的负半周期，当 $U_i < -0.7$ V 时，二极管_____（V_{D1}/V_{D2}）导通，二极管_____（V_{D1}/V_{D2}）截止，输出电压 U_o 为_____ V。

当 -0.7 V $< U_i < 0.7$ V 时，二极管 V_{D1} 和 V_{D2} 均_____（导通/截止），输出电压 U_o 为_____ V。

 相关知识

限幅电路也称为削波电路，它是一种能把输入电压的变化范围加以限制的电路。限幅电路按功能分为上限限幅电路、下限限幅电路和双向限幅电路三种。在上限限幅电路中，当输入信号电压低于某一事先设计好的上限电压（参考电压或基准电压）时，输出电压将随输入电压而变化；但当输入电压达到或超过上限电压时，输出电压将保持为一个固定值，不再随输入电压而变，这样，信号幅度即在输出端受到限制。同样，下限限幅电路在输入电压低于某一下限电压时产生限幅作用。双向限幅电路则在输入电压过高或过低的两个方向上均产生限幅作用。

限幅电路常用于如下方面：① 整形，如削去输出波形顶部或底部的干扰；② 波形变换，如将输出信号中的正脉冲削去，只留下其中的负脉冲；③ 过压保护，如强的输出信号或干扰有可能损坏某个部件时，可在这个部件前接入限幅电路。

技能训练——二极管半波整流

测试电路图如图 1.1.31(a) 所示，其中二极管 V_D 选用 1N4007，电源变压器 TR 的变比为 10∶1，交流电源为 220 V、50 Hz。

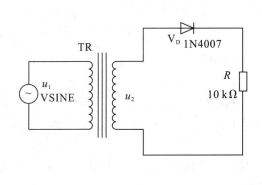
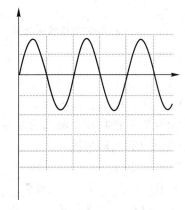

（a）半波整流测试电路　　　　　　　　　（b）半波整流输入、输出波形

图 1.1.31　二极管半波整流

训练步骤如下：

(1) 在面包板上或在仿真软件 Multisim 中按照图 1.1.31(a) 所示搭建电路，接通电源，用示波器观测电阻 R 两端的波形，并在图 1.1.31(b) 所示的坐标轴上绘制出在数字示

波器中所观测到的输出波形。

(2) 设电源变压器 TR 的副边电压 $u_2 = U_{2m}\sin\omega t = \sqrt{2}U_2\sin\omega t$，其中 U_{2m} 为其振幅，U_2 为其有效值。

在 u_2 的正半周期，二极管 V_D _____（正偏/反偏）而 _____（导通/截止），输出电压 U_o _____ U_2（大于/小于/等于）。

在 u_2 的负半周期，二极管 V_D _____（正偏/反偏）而 _____（导通/截止），输出电压 U_o 为 _____。

(3) 通过观测和记录波形，二极管 V_D 的输入电压为 _____（双极性/单极性），而输出电压 U_o 为（双极性/单极性），且是 _____（半波/全波）波形。

(4) 用万用表测量电阻 R 两端的电压 U_o，计算 $U_o/U_2 = $ _____。

技能训练——二极管全波整流

测试电路图如图 1.1.32(a)所示，其中 4 个二极管 $V_{D1} \sim V_{D4}$ 均选用 1N4007，电源变压器 TR 的变比为 10∶1，交流电源为 220 V、50 Hz。

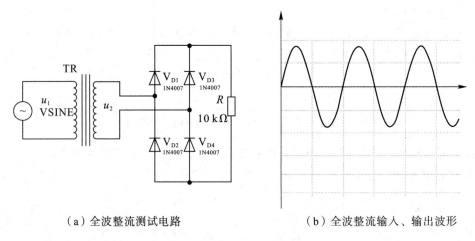

（a）全波整流测试电路 　　　　　　（b）全波整流输入、输出波形

图 1.1.32　二极管全波整流

训练步骤如下：

(1) 在面包板上或在仿真软件 Multisim 中按照图 1.1.32(a)所示搭建电路，接通电源，用示波器观测电阻 R 两端的波形，并在图 1.1.31(b)所示的坐标轴上绘制出在数字示波器中所观测到的输出波形。

(2) 在 u_2 的正半周期，二极管 _____ 导通，二极管 _____ 截止；在 u_2 的负半周期，二极管 _____ 导通，二极管 _____ 截止。

(3) 通过观测和记录波形，二极管 $V_{D1} \sim V_{D4}$ 的输入电压为 _____（双极性/单极性），而输出电压 U_o 为 _____（双极性/单极性），且是 _____（半波/全波）波形。

(4) 用万用表测量电阻 R 两端的电压 U_o，计算 $U_o/U_2 = $ _____。

整流电路的作用是将交流降压电路输出的电压较低的交流电转换成单向脉动性直流电，这就是交流电的整流过程，整流电路主要由整流二极管组成。经过整流电路之后的电压已经不是交流电压，而是一种含有直流电压和交流电压的混合电压，习惯上称其为单向脉动性直流电压。

电源电路中的整流电路主要有半波整流电路、全波整流电路和桥式整流电路三种。

技能训练——二极管门电路

测试电路图如图 1.1.33(a)所示,其中二极管 V_{D1} 和 V_{D2} 均选用 1N4007,输入电压 U_A 和 U_B 均为 5 V(高电平),开关 SW_A 和 SW_B 均为单刀双掷开关,可以使得二极管 V_{D1} 和 V_{D2} 的阴极为 5 V(高电平)或 0 V(低电平)。

训练步骤如下:

(1) 在面包板上或在仿真软件 Multisim 中按照图 1.1.33(a)所示搭建电路,分别拨动单刀双掷开关 SW_A 和 SW_B,将它们组合的四种状态对应的输出电压 U_o 一一记录在图 1.1.33(b)所示的状态表中。

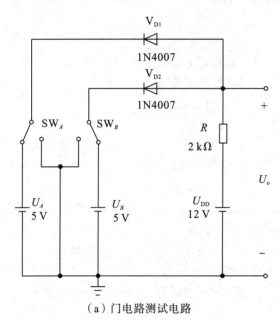

SW_A/V	SW_B/V	U_o/V
0	0	
0	5	
5	0	
5	5	

(a)门电路测试电路　　　　　　(b)门电路状态表

图 1.1.33 二极管门电路

(2) 当 SW_A 为低电平(0 V)且 SW_B 为低电平(0 V)时,二极管 V_{D1} _____(导通/截止),二极管 V_{D2} _____(导通/截止),输出电压 $U_o=$ _____ V,为_____(高/低)电平。

当 SW_A 为低电平(0 V)且 SW_B 为高电平(5 V)时,二极管 V_{D1} _____(导通/截止),二极管 V_{D2} _____(导通/截止),输出电压 $U_o=$ _____ V,为_____(高/低)电平。

当 SW_A 为高电平(5 V)且 SW_B 为低电平(0 V)时,二极管 V_{D1} _____(导通/截止),二极管 V_{D2} _____(导通/截止),输出电压 $U_o=$ _____ V,为_____(高/低)电平。

当 SW_A 为高电平(5 V)且 SW_B 为高电平(5 V)时,二极管 V_{D1} _____(导通/截止),二极管 V_{D2} _____(导通/截止),输出电压 $U_o=$ _____ V,为_____(高/低)电平。

(3) 通过观测和记录可知,SW_A 和 SW_B 中只要有一个为低电平,对应的二极管便_____(导通/截止),同时输出电压为_____(高/低)电平;只有当 SW_A 和 SW_B 都为_____(高/低)电平时,二极管 V_{D1} 和 V_{D2} 才均(导通/截止),同时输出电压为_____

（高/低）电平。

结论：二极管 V_{D1} 和 V_{D2} 只要有一个导通（阴极接低电平），输出电压便为低电平，实现了"与"逻辑的功能。

 ## 相关知识

在数字电子技术中，常利用二极管的开关特性构成各种逻辑运算电路。用以实现基本逻辑运算和复合逻辑运算的单元电路称为门电路。常用的门电路在逻辑功能上有与门、或门、非门、与非门、或非门、与或非门、异或门等几种。

～～～～～～ 思考练习题 ～～～～～～

1. 选择题

（1）稳压二极管稳压时，其工作在（　　　）；发光二极管发光时，其工作在（　　　）。

A. 正向导通区　　　　　　　　　　B. 反向截止区

C. 反向击穿区　　　　　　　　　　D. 正向击穿区

（2）二极管型号为 2CZ31，它的类型为（　　　）。

A. N 型硅整流管　　B. P 型硅整流管　　C. 普通锗二极管　　D. N 型硅稳压管

（3）在本征半导体中加入（　　　）元素可形成 N 型半导体，加入（　　　）元素可形成 P 型半导体。

A. 五价　　　　　　B. 四价　　　　　　C. 三价　　　　　　D. 不确定

（4）PN 结加正向电压时，空间电荷区将（　　　）。

A. 变窄　　　　　　B. 基本不变　　　　C. 变宽　　　　　　D. 不确定

（5）下列二极管中可将光信号转换为电信号的是（　　　）。

A. 整流二极管　　　B. 稳压二极管　　　C. 发光二极管　　　D. 光电二极管

2. 填空题

（1）图 1.1.34 所示电路中二极管为理想器件，则 V_{D1} 工作在_____状态，V_{D2} 工作在_____状态，U_o 为_____ V。

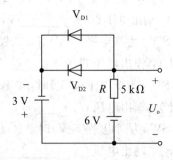

图 1.1.34　第 2(1) 题图

（2）在图 1.1.35 所示电路中，稳压管 2CW5 的参数为：稳定电压 $U_Z = 12$ V，最大稳

定电流 $I_{Zmax}=20$ mA。图中电压表中流过的电流不计。当开关 S 闭合时，电压表 Ⓥ 和电流表 Ⓐ₁、Ⓐ₂的读数分别为_____、_____、_____；当开关 S 断开时，其读数分别为_____、_____、_____。

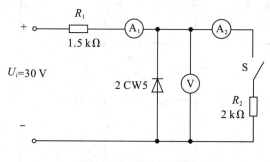

图 1.1.35　第 2(2) 题图

（3）在常温下，硅二极管的门限电压约为_____ V，导通后在较大电流下的正向压降约为_____ V；锗二极管的门限电压约为_____ V，导通后在较大电流下的正向压降约为_____ V；发光二极管的正向导通电压约为_____ V。

3. 电路如图 1.1.36(a) 所示，已知 $u_i=5\sin\omega t$ (V)，二极管导通电压 $U_D=0.7$ V。试在图 1.1.36(b) 中画出电路的传输特性及 u_i 与 u_o 的波形，并标出幅值。

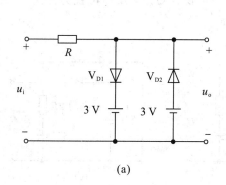

(a)

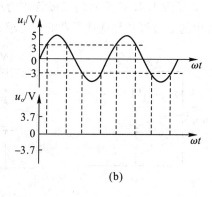

(b)

图 1.1.36　第 3 题图

4. 电路如图 1.1.37(a) 所示，其输入电压 u_{i1} 和 u_{i2} 的波形如图 1.1.37(b) 所示，二极管导通电压 $U_D=0.7$ V。试画出输出电压 U_o 的波形，并标出幅值。

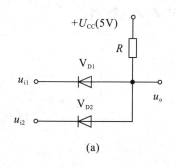

(a)

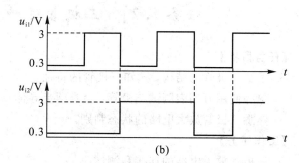

(b)

图 1.1.37　第 4 题图

5. 写出图 1.1.38 所示各电路的输出电压值，设二极管导通电压 $U_D = 0.7$ V。

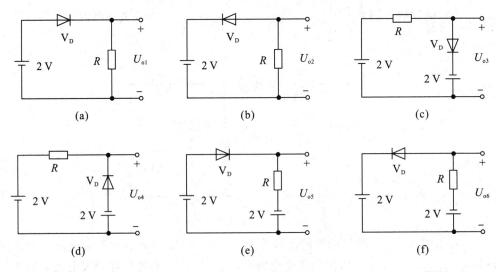

图 1.1.38　第 5 题图

6. 在用万用表的"R×10""R×100""R×1k"三个欧姆挡测量某二极管的正向电阻时，共测得三个数据：4 kΩ、85 Ω 和 650 Ω，试判断它们各是哪一挡测出的。

7. 设图 1.1.39 所示的二极管均为理想的（正向可视为短路，反向可视为开路），试判断其中的二极管是导通还是截止，并求出两端电压。

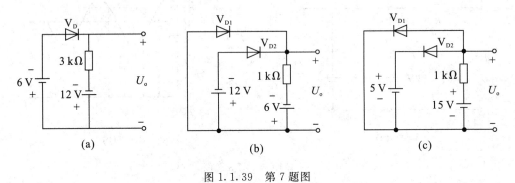

图 1.1.39　第 7 题图

【任务 1.2】 三极管的特性测试及检测

【任务目标】
· 了解三极管的结构，熟知三极管的特性。
· 熟练使用万用表测试三极管，会查阅半导体手册。
· 熟悉三极管放大电路的状态判别。

【工作任务】
· 三极管放大电路的连接和测试。
· 三极管的测试、使用。

1.2.1　三极管的特性测试

三极管，全称半导体三极管，也称双极型晶体管（Bipolar Junction Transistor）、晶体三极管，是一种控制电流的半导体器件，其作用是把微弱信号放大成幅度值较大的电信号，是半导体基本元器件之一，是电子电路的核心元器件。

一、三极管的认识

常见的三极管实物如图 1.2.1 所示，由于其有三个引出电极，习惯又称晶体三极管。

图 1.2.1　常见的三极管实物

三极管的结构示意图及其对应符号如图 1.2.2 所示，它是由三层不同性质的半导体组合形成两个互相影响的 PN 而构成的。从其结构图可以看出，三极管有三个区域，分别称为发射区、基区和集电区。三个区域在制造工艺上的特点是：发射区掺杂浓度高，基区很薄且掺杂浓度低，集电区面积最大，因此集电区和发射区不能互换；由三个区引出的三个电极分别称为发射极 e（emitter）、基极 b（base）和集电极 c（collector）；发射区与基区之间形成的 PN 结称为发射结，而集电区与基区之间形成的 PN 结称为集电结。

依据半导体的组合方式不同，由两块 N 型半导体中间夹着一块 P 型半导体的三极管称为 NPN 型三极管；而将由两块 P 型半导体中间夹着一块 N 型半导体的三极管称为 PNP 型三极管，两种三极管的电路符号如图 1.2.2 所示，其中发射极上箭头方向是指发射结在正向电压下导通时发射极的电流方向。

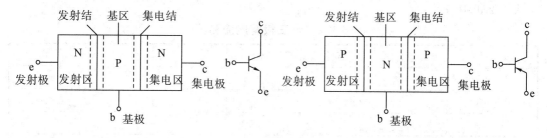

图 1.2.2　三极管的结构及电路符号

三极管的分类除了按结构分为 NPN 型和 PNP 型外，按其制作材料可分为硅管和锗管，市场上硅管多为 NPN 型，锗管多为 PNP 型；按其消耗功率的不同可分为小功率管、中功率管和大功率管等；按功能可分为开关管、功率管、达林顿管、光敏管等；按工作频率可分为低频管和高频管；按安装工艺方式可分为插件三极管和贴片三极管。

二、三极管的特性测试

技能训练——三极管电流关系测试

测试电路如图 1.2.3 所示，其中基极电源 U_{BB} 为 0～12 V 的可调直流稳压电源，集电极电源 U_{CC} 为 12 V 的直流稳压电源；三个电流表分别用来测量基极电流 I_B、集电极电流 I_C 和发射极电流 I_E；基极电阻 R_B 为 51 kΩ，集电极电阻 R_C 为 1 kΩ；三极管 V_T 的型号选择为 2N2222。

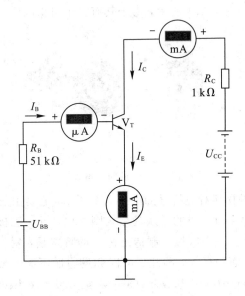

图 1.2.3　三极管电流测试

训练步骤如下：

（1）按图 1.2.3 所示在面包板上、实验箱上或在仿真软件中正确搭建电路。

（2）改变基极电压 U_{BB}，观测基极电流表的变化，在不同 I_B 值时，观测并记录 I_C、I_E 值于表 1.2.1 中。

表 1.2.1　三极管电流测试

$I_B/\mu A$	−10	0	10	20	30	40
I_C/mA						
I_E/mA						
I_E/I_C						
I_C/I_B						

（3）测出相应的值后，计算出对应的 I_C/I_B、I_E/I_C，将计算结果也记录于表 1.2.1 中。

结论：三极管的电流_____（$I_B/I_C/I_E$）受到电流_____（$I_B/I_C/I_E$）明显的控制作用，I_E/I_C_____（≥1/≈1/≤1），I_C/I_B_____（≥1/≤1/≫1），且 I_C/I_B 的值在 I_B 取不同值时，其大小_____（有/没有）明显变化。

相关知识

三极管尽管从结构上看,相当于两个二极管背靠背地串联在一起,但是,当我们用单独的两个二极管按上述关系串联起来时将会发现,它们并不具有放大作用。其原因是,为了使三极管实现放大,必须由三极管的内部结构保证。

从三极管的内部结构来看,应具有以下三点:

(1) 发射区进行重掺杂,从而使多数载流子电子浓度远大于基区多数载流子空穴浓度,以便于有足够的载流子供"发射"。

(2) 基区做得很薄,通常只有几微米到几十微米,而且是低掺杂,以减少载流子在基区的复合机会,这是三极管具有放大作用内部条件的关键所在。

(3) 集电区面积大,以保证尽可能收集到发射区发射的电子。

由此可见,三极管并非两个 PN 结的简单组合,在实际使用过程中,不能用两个二极管来代替作为三极管使用,在放大电路中也不可将发射极 e 和集电极 c 对调使用。

已经知道,双极型三极管的基极电流对集电极电流有控制作用,同样,场效应管的栅源之间的电压对漏极电流也有控制作用,因此,这两种器件都可以实现放大作用,它们是组成放大电路的核心元件。

为了使三极管具有放大作用,除了三极管本身构成的结构特点外,还需要发射区发射载流子,集电区收集发射区发射的载流子。所以,要保证发射结导通,即发射结正向偏置;集电结截止,即集电结反向偏置。简言之,三极管放大的外部条件是:发射结正偏,集电结反偏。

通过上面三极管电流测试训练,可以明显看出,NPN 型三极管集电极电流 I_C 受到基极电流 I_B 的控制,是一种电流控制电流源(CCCS)半导体器件,基极电流 I_B 的微弱变化会引起集电极电流 I_C 的突变。为了描述三极管对电流放大的能力,定义了三极管的共射极直流电流放大系数 $\bar{\beta}$

$$\bar{\beta} = \frac{I_C}{I_B} \tag{1.2.1}$$

$\bar{\beta}$ 的值随着三极管型号的不同而不同,一般 $\bar{\beta}$ 的值在几十到几百之间。

通过表 1.2.1 三极管电流测试记录数据可以得到,发射极电流 I_E、集电极电流 I_C 和基极电流 I_B 满足下面关系,即有

$$I_E = I_B + I_C \tag{1.2.2}$$

式(1.2.2)表明 I_E、I_C、I_B 三者电流满足基尔霍夫电流定律 KCL,即流进的电流等于流出的电流,此时的三极管可以看做是一个放大了的节点,如图 1.2.4 所示。

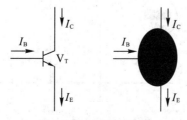

图 1.2.4 三极管电流

将式(1.2.1)代入式(1.2.2)可得到

$$I_E = I_B + \bar{\beta} I_B = (1 + \bar{\beta}) I_B \approx I_C \tag{1.2.3}$$

由式(1.2.3)可以看出,三极管放大电流时,集电极电流 I_C 近似等于发射极电流 I_E,基极电流 I_B 可以忽略不计。

而为了描述基极电流 I_B 有微小变化 ΔI_B 时,在集电极上就可以得到很大的集电极电流 I_C 的改变量 ΔI_C,即描述三极管对交流电流的放大能力,又定义了三极管的共发射极交流电流放大系数 β,有

$$\beta = \frac{\Delta I_C}{\Delta I_B} \tag{1.2.4}$$

β 是三极管主要参数之一,β 的大小与管子的结构、工艺和工作电流有关,小功率三极管的 β 值通常在几十至几百。由于低频时 $\bar{\beta}$ 和 β 的数值相差不大,且都为常数,故为了方便起见,通常对两者不作严格区分,统称为三极管的共射极电流放大系数,都用 β 表示。

【例 1.2.1】 测得某三极管的发射极电流 $I_E = 5$ mA,基极电流 $I_B = 40$ μA,求该管子的发射极电流 I_E 和电流放大系数 β。

解 由式(1.2.2)$I_E = I_B + I_C$,可得集电极电流为

$$I_C = I_E - I_B = 5 - 0.04 = 4.96 \text{ mA}$$

三极管的电流放大系数为

$$\beta = \frac{I_C}{I_B} = \frac{4.96}{0.04} = 124$$

技能训练——共射极三极管放大电路特性测试

1. 输入回路特性测试

测试电路如图 1.2.5 所示,三极管 V_T 的型号选择为 2N2222,其中电位器 $R_{W1} = R_{W2} = 100$ kΩ,基极电阻 $R_B = 51$ kΩ,集电极电阻 $R_C = 1$ kΩ,基极直流电压 $U_{BB} = 6$ V,集电极直流电压 $U_{CC} = 12$ V。

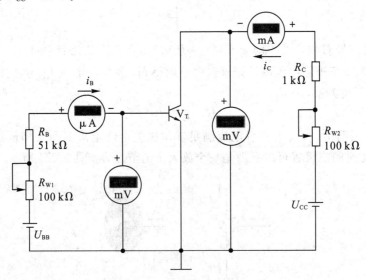

图 1.2.5 共射特性测试电路

训练步骤如下：

（1）按图 1.2.5 所示在面包板上、实验箱上或在仿真软件中正确搭建电路。

（2）不接 U_{CC}，即三极管集电极和发射极短路，令 $u_{CE}=0$。

（3）调节基极电位器 R_{W1}，使 u_{BE} 和 i_B 的值分别为表 1.2.2 中所给的 $u_{CE}=0$ 时的各个值，并测出此时相应的 i_B 和 u_{BE} 的值，将它们记录于表 1.2.2 中。

表 1.2.2　共射极三极管输入回路特性测试

$u_{CE}=0$ V	$i_B/\mu A$				10	20	30	40	50	60	80
	u_{BE}/V	0	0.3	0.5							
$u_{CE}>1$ V	$i_B/\mu A$				10	20	30	40	50	60	80
	u_{BE}/V	0	0.3	0.5							

（4）去掉三极管集电极和发射极之间的短路线，即让 U_{CC} 工作。

（5）调节基极电位器 R_{W1}，使 u_{BE} 和 i_B 的值分别为表 1.2.2 中所给的 $u_{CE}>1$ V 时的各个值，并测出此时相应的 i_B 和 u_{BE} 的值，将它们记录于表 1.2.2 中。

（6）尽可能多地测量几组数值，将测量结果绘制在图 1.2.6 所示输入回路特性的坐标系中。

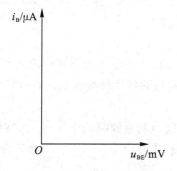

图 1.2.6　输入回路特性

结论：当基极和发射极之间的电压 u_{BE} 约为_____ V 后，基极才有了基极电流 i_B；当基极电流 i_B 达到一定值后，基极和发射极之间的电压 u_{BE} _____（不变/增大/减小），其值约为_____ V。

2. 输出回路特性测试

训练步骤如下：

（1）按图 1.2.5 所示在面包板上、实验箱上或在仿真软件中正确搭建电路。

（2）接入集电极直流电压 U_{CC}。

（3）调节基极电位器 R_{W1}，使 i_B 分别为表 1.2.3 中所给各个值；对应每一个 i_B 值，调节电位器 R_{W2} 使得 u_{CE} 的值为表 1.2.3 所列各个值，测出此时相应的 i_C，将它们记录于表 1.2.3 中。

（4）尽可能多地测量几组数值，将测量结果绘制在图 1.2.7 所示输出回路特性的坐标系中。

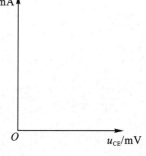

图 1.2.7　输出回路特性

31

表 1.2.3　共射极三极管输出回路特性测试

$i_B = 0\ \mu A$	u_{CE}/V	0	0.2	0.4	0.6	0.7	1	2	3	5	6
	i_C/mA										
$i_B = 20\ \mu A$	u_{CE}/V	0	0.2	0.4	0.6	0.7	1	2	3	5	6
	i_C/mA										
$i_B = 40\ \mu A$	u_{CE}/V	0	0.2	0.4	0.6	0.7	1	2	3	5	6
	i_C/mA										
$i_B = 60\ \mu A$	u_{CE}/V	0	0.2	0.4	0.6	0.7	1	2	3	5	6
	i_C/mA										
$i_B = 80\ \mu A$	u_{CE}/V	0	0.2	0.4	0.6	0.7	1	2	3	5	6
	i_C/mA										
$i_B = 100\ \mu A$	u_{CE}/V	0	0.2	0.4	0.6	0.7	1	2	3	5	6
	i_C/mA										

结论：当基极电流 i_B 为某一恒定值时，随着集电极和发射极之间的电压 u_{CE} 从 0 开始逐渐增大，集电极电流 i_C _____（不变/增大/减小）；当 u_{CE} 达到一定值后，集电极电流 i_C _____（几乎不变/变大/减小）。

3. 三极管的特性曲线

三极管的特性曲线是反映三极管各电极电压和电流之间相互关系的曲线，是用来描述晶体三极管工作特性的曲线，常用的特性曲线有输入特性曲线和输出特性曲线。

1）输入特性曲线

输入特性曲线是指当集电极与发射极间的电压 u_{CE} 为常数时，基极电流 i_B 与基极和发射极的电压 u_{BE} 之间的关系曲线，即

$$i_B = f(u_{BE})|_{u_{CE}=常数} \tag{1.2.5}$$

图 1.2.8 是用是某三极管构成的共射极放大电路测得的输入特性曲线。由图可知，输入特性与二极管的正向特性相似。当电压 u_{BE} 小于三极管的死区电压（硅管约为 0.5 V，锗管约为 0.1 V）时，基极电流 i_B 几乎为零。当 u_{BE} 大于死区电压后，基极电流 i_B 才随 u_{BE} 迅速增大，三极管导通。管子导通后，硅管的发射结电压 U_{BE} 约为 0.7 V，锗管 U_{BE} 约为 0.3 V。

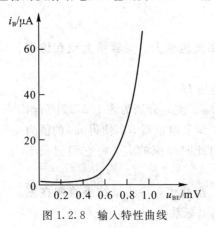

图 1.2.8　输入特性曲线

2）输出特性曲线

输出特性曲线是指当基极电流 i_B 为常数时，集电极电流 i_C 与集电极和发射极的电压 u_{CE} 之间的关系曲线，即

$$i_C = f(u_{CE})|_{i_B=常数} \qquad (1.2.6)$$

图 1.2.9 是用是某三极管构成的共射极放大电路测得的输出特性曲线。图中的每条 i_C 与 u_{CE} 之间的关系曲线，都有一个给定的 i_B 与之对应，调节 R_C 所测得的不同 u_{CE} 下的 i_C 值理论上应该有无数条，习惯上用一簇曲线表示。

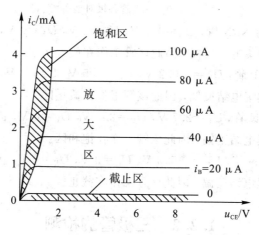

图 1.2.9　输出特性曲线

三极管输出特性曲线可以分为三个工作区：

（1）截止区。

当 $i_B=0$ 时，$i_C=I_{CEO}\approx0$，I_{CEO} 叫三极管的穿透电流。三极管工作于截止状态，管子的集电极与发射极之间接近开路，等效于开关断开状态，三极管无放大作用，所以将 $i_B=0$ 对应曲线以下的区域称为截止区。三极管工作在截止状态的外部条件是：发射结反偏（或零偏），集电结反偏。

（2）放大区。

当 $i_B>0$，$u_{CE}>1$ V 后，每条曲线几乎与横轴平行。i_C 不受 u_{CE} 的影响，i_C 只受 i_B 的控制，并且 i_B 微小的变化就能控制 i_C 较大的变化，三极管工作在放大状态，具有电流放大能力。三极管工作于放大状态的外部条件是：发射结正偏，集电结反偏。

（3）饱和区。

当 $i_B>0$，且 $u_{CE}<1$ V 时，在特性曲线的起始上升部分，i_C 不受 i_B 控制，但随 u_{CE} 增大而迅速增大，三极管工作在饱和状态，无放大作用。因为 u_{CE} 值很小，三极管的集电极和发射极电位近似相等，集电极和发射极之间接近短路，等效于开关闭合状态。三极管工作于饱和状态的外部条件是：发射结正偏，集电结正偏。

综上所述，三极管工作在放大区时，才有电流放大作用，比如，各种放大电路中的三极管，通常就工作于放大区。三极管工作于饱和区和截止区时，它起电子开关的作用，由于电子开关的开关速度极高，常用于数字电路中。

【例 1.2.2】　测得电路中几个三极管的各极对地电压如图 1.2.10 所示。试判断各三极管的工作状态。

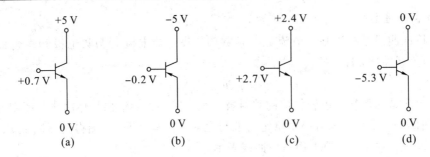

图 1.2.10　三极管各极对地电压

解　(a)图三极管为 NPN 管，$U_B=0.7$ V，$U_C=5$ V，$U_E=0$ V，因 $U_B>U_E$，故发射结正偏；又因 $U_B<U_C$，故集电结反偏，因此该管工作在放大区。

(b)图三极管为 PNP 管，$U_B=-0.2$ V，$U_C=-5$ V，$U_E=0$ V，因 $U_B<U_E$，故发射结反偏；又因 $U_B>U_C$，故集电结反偏，因此该管工作在截止区。

(c)图三极管为 NPN 管，$U_B=2.7$ V，$U_C=2.4$ V，$U_E=0$ V，因 $U_B>U_E$，故发射结正偏；又因 $U_B>U_C$，故集电结正偏，因此该管工作在饱和区。

(d)图三极管为 NPN 管，$U_B=-5.3$ V，$U_C=0$ V，$U_E=0$ V，因 $U_B<U_E$，故发射结反偏；又因 $U_B<U_C$，故集电结反偏，因此该管工作在截止区。

1.2.2　三极管的检测

一、三极管引脚的目测

常用三极管引脚的排列方式具有一定的规律，对于中、小功率塑料封装三极管，如 S 系列的 S9014、S9013、S9015、S9012、S9018 等晶体小功率三极管，把显示文字平面朝自己，引脚朝下，从左向右依次为发射极 e、基极 b、集电极 c，如图 1.2.11(a)所示。贴片三极管的三个引脚如图 1.2.11(b)所示，其中集电极 c 单独位于一边，基极 b 和发射极 e 位于另一边。中、大功率三极管的封装形式如图 1.2.11(c)所示，其中的金属外壳为三极管的集电极 c。小功率金属封装三极管，带有标志位，离标志位最近的为发射极 e，按图示底视图位置放置，则三个引脚构成等腰三角形，顶点上的为基极 b，左下为发射极 e，右下为集电极 c，如图 1.2.11(d)所示。

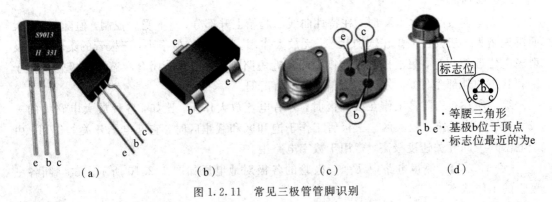

图 1.2.11　常见三极管管脚识别

目前，三极管的种类众多，管脚的排列也不尽相同，在使用中无法确定管脚的排列时，必须进行测量以确定各管脚的位置，或查找晶体管使用手册。

二、用指针式万用表检测三极管

1. 基极和类型的判别

用指针式万用表的电阻挡测试三极管的基极和类型，就是测 PN 结的单向导电性，其结构示意图如图 1.2.12 所示。

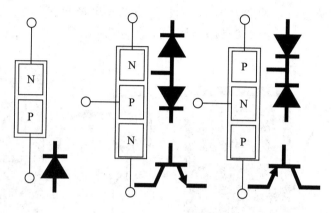

图 1.2.12　三极管类型判断等效图

（1）将万用表拨到电阻挡并选用"R×100"或"R×1k"挡，将黑表笔和红表笔短接，此时指针偏至刻度盘的右端，观测指针是否指向零处，若未和零处对齐，则调节欧姆调零旋钮，直至指针和零处对齐。

（2）任选待测三极管一个引脚，假设其为基极 b，若以黑表笔为准，则将万用表的黑表笔接触假设的 b 极，再将红表笔分别接触另外两引脚，如图 1.2.13 所示。

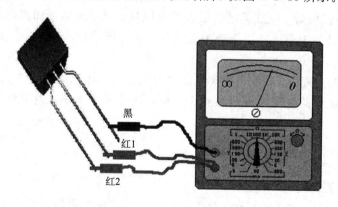

图 1.2.13　三极管基极判断

若两次测得电阻值同时为小，即"同小"，再用红表笔接触假设的基极 b，黑表笔分别接触其余两引脚；若两次测得阻值都是大，即"同大"，则所假设的基极是真正的基极 b，同时可知该三极管是 NPN 型。

（3）若以红表笔为准，则将万用表的红表笔接触假设的 b 极，再将红表笔分别接触另外两引脚。若两次测得电阻值同时为大，即"同大"，再用黑表笔接触假设的基极 b，红表笔分别接触其余两引脚；若两次测得阻值都是小，即"同小"，则所假设的基极是真正的基极 b，同时可知该三极管是 PNP 型。

（4）若两次测试中有一次阻值是"一大一小"，则所假设电极就不是基极，需再选另一电极设为基极，继续进行测试，直至判出基极为止，即找到"同大""同小"为止。

2. 集电极和发射极的判别

常用测量三极管电流放大倍数的方法来判测集电极 c 和发射极 e。以 NPN 型为例，在已确定基极 b 和管型的情况下，假设余下两引脚中一脚为集电极，将万用表的黑表笔接假设的集电极，红表笔接假定的发射极，然后在假设的集电极和基极之间加上一人体电阻（不能让 c、b 直接接触），如图 1.2.14 所示，这时注意观察表针的偏转情况，记住表针偏转的位置。

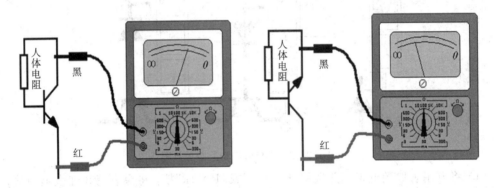

图 1.2.14　集电极和发射极的判别

交换假设的集电极和发射极，仍在假设的集电极和基极之间加上一人体电阻，观察表针的偏转位置。两次假设中，指针偏转大的一次，即阻值小的一次，黑表笔所接的是集电极，则另一脚是发射极。

对于 PNP 型三极管，以红表笔接假设的集电极，同样在基极和集电极之间加上一人体电阻，观察表针的偏转大小，表针偏转大的一次，即阻值小的一次，黑表笔接的是发射极。

在三极管检测过程中，在集电极和基极之间加上人体电阻时，指针偏转角度越大，可以粗略地说明三极管的电流放大倍数越大；指针偏转角度越小，说明电流放大倍数也就越小。

三、用数字式万用表检测三极管

1. 基极和类型的判别

由于三极管具有两个 PN 结，如图 1.2.12 所示，所以我们可以选择数字式万用表的二极管挡对其 PN 结直接进行测量。

（1）如图 1.2.15 所示，将数字式万用表拨至"二极管蜂鸣"挡，以红表笔（与指针式表的表笔极性相反）为准，先假定一个基极，红表笔接假定的基极，黑表笔分别接触另外两个电极，若两次测量的压降值均为 0.7 V（锗管为 0.3 V）左右，则该管为 NPN 型；若两次均显示超量程"1"，则为 PNP 型，同时可知红表笔接触的为基极 b。

图 1.2.15 用数字表判别基极和类型

（2）若测量过程一次为 0.7 V(锗管为 0.3 V)左右，另一次为超量程"1"，则未找到基极和管型，应重复(1)，直至找到基极。

2. 集电极和发射极的判别

方法一：若判断出为 NPN 三极管，且红表笔所接的脚为三极管的基极 b 时，则上述方法测试中万用表的黑表笔接其中一个脚的电压较高者，那么此脚为三极管的发射极 e，剩下为集电极 c。若判断出为 PNP 三极管，且黑表笔所接的脚为三极管的基极 b 时，用上述方法测试时，万用表的红表笔接其中一个脚的电压较高，那么此脚为三极管的发射极 e，剩下为集电极 c。

方法二：使用数字式万用表的 hFE 挡。假设被测管是 NPN 型管，则将数字式万用表拨至 hFE 挡，使用 NPN 插孔。把基极插入 B 孔，剩下两个引脚分别插入 C 孔和 E 孔中。若测出的 hFE 为几十～几百，说明管子属于正常接法，放大能力较强，此时 C 孔插的是集电极 c，E 孔插的是发射极 e，如图 1.2.16 所示。若测出的 hFE 值只有几～十几，则表明被测管的集电极 c 与发射极 e 插反了，这时 C 孔插的是发射极 e，E 孔插的是集电极 c。为

图 1.2.16 hFE 判断发射极和集电极

了使测试结果更可靠，可将基极 b 固定插在 B 孔不变，把集电极 c 与发射极 e 调换，复测 1～2 次，以仪表显示值大（几十～几百）的一次为准，C 孔插的引脚即是集电极 c，E 孔插的引脚则是发射极 e。

～～～～～～～～～～ 思考练习题 ～～～～～～～～～～

1. 填空题

（1）三极管处在放大区时，_____电压小于零，_____电压大于零。

（2）三极管实现放大作用的内部条件是：_____；外部条件是：_____。

（3）工作在放大区的某三极管，当 I_B 从 12 μA 增大到 22 μA 时，I_C 从 1 mA 变为 2 mA，那么它的 β 约为_____。

（4）三极管的三个工作区域分别是_____、_____和_____。

2. 在某放大电路中，晶体管三个电极的电流如图 1.2.17 所示，已测出 $I_1 = -1.2$ mA，$I_2 = 0.03$ mA，$I_3 = 1.23$ mA，试判断 e、b、c 三个电极，并说明该晶体管的类型（NPN 型还是 PNP 型）以及晶体管的电流放大系数。

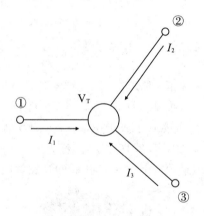

图 1.2.17　第 2 题图

3. 在晶体管放大电路中，测得三个晶体管各个电极的电位如图 1.2.18 所示，试判断各晶体管的类型（PNP 管还是 NPN 管，硅管还是锗管），并区分 e、b、c 三个电极。

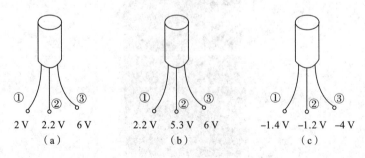

图 1.2.18　第 3 题图

4. 根据图 1.2.19 所示各个晶体管三个电极的电位，判断各个晶体管的工作状态。

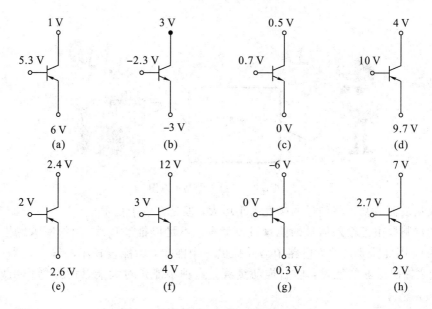

图 1.2.19　第 4 题图

5. 简述用指针式万用表检测三极管的方法。

【任务 1.3】　三极管放大电路的测试及应用

【任务目标】
· 能分析和计算三极管放大电路的性能指标。
· 能正确连接三极管基本放大电路。
· 能通过调试和测试得到不失真输出波形。

【工作任务】
· 三极管放大电路的连接和测试。
· 信号发生器和示波器的正确使用。

1.3.1　基本放大电路工作状态

一、放大电路的相关概念

在当今日常生活中,放大电路的应用随处可见,我们每天使用的手机,平常使用的收音机、扩音器,或者精密的实验仪器等,它们通常都有各种各样的放大电路。在这些电子设备中,放大电路的作用是将微弱的信号放大,以便于人们量测和利用。例如,从打电话或收音机天线接收到的语音信号,或者前端传感器转换得到的各类微弱电信号,有时仅仅有 μV、mV 数量级,必须经过放大才能驱动喇叭发出声音(如图 1.3.1 所示),或者驱动相应设备和执行机构,以便于进行观察、记录和控制。放大电路是电子设备中使用最普遍的一种基本单元,更是模拟电子技术课程中最基本的内容之一。

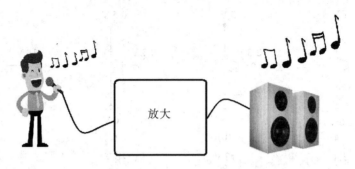

图 1.3.1　放大电路示意图

放大从表面看来是将信号的幅度由小增大，但是在电子技术中，放大的本质首先是实现能量的控制。由于输入信号的能量过于微弱，不足以推动负载（例如喇叭或指示仪表、执行机构），因此需要在放大电路中另外提供一个能源，由能量较小的输入信号控制这个能源，使之输出足够的能量，然后推动负载。这种小能量对大能量的控制作用就是放大作用。

另外，放大作用涉及变化量的概念。也就是说，当输入信号有一个比较小的变化量时，要求在负载上得到一个较大变化量的输出信号。而放大电路的放大倍数也是指输出信号与输入信号的变化量之比。由此可见，所谓放大作用，其放大的对象是变化量。

技能训练——共射三极管放大作用测试

测试电路如图 1.3.2 所示，三极管 V_T 的型号选择为 2N2222，其中电位器 $R_W = 100\ \text{k}\Omega$，基极电阻 $R_B = 51\ \text{k}\Omega$，集电极电阻 $R_C = 1\ \text{k}\Omega$，耦合电容 C_B 和 C_C 分别为 $C_B = 22\ \mu\text{F}$ 和 $C_C = 47\ \mu\text{F}$，集电极直流电压 $U_{CC} = 12\ \text{V}$。

训练步骤如下：

（1）按图 1.3.2 所示在面包板上、实验箱上或在仿真软件中正确搭建电路，并在基极回路中串接微安表，在集电极回路中串接毫安表。

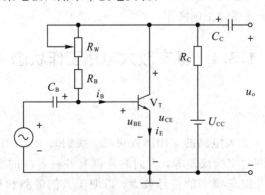

图 1.3.2　三极管放大作用测试电路

（2）不接 u_i，即将 u_i 短接，测量 u_{BE} 并记录 $u_{BE} = $ _____ V。调节 R_W，观测 u_{BE} 有没有变化，并记录 u_{BE} _____（有/没有）明显变化。

（3）调节电位器 R_W，使 i_B 的值分别为 $i_B = 40\ \mu\text{A}$，$i_B = 60\ \mu\text{A}$，并测出此时相应的 i_C、

u_{BE} 和 u_o 的值，记录于表 1.3.1 中，计算出相应的 Δi_B、Δi_C、$\Delta i_C/\Delta i_B$、Δu_{BE}、Δu_o 和 $\Delta u_o/\Delta u_{BE}$ 值，并记入于表 1.3.1 中。

表 1.3.1 共射极三极管放大电路测量

$i_B/\mu A$	40	60	$\Delta i_B/\mu A$		$\Delta i_C/\Delta i_B$	
i_C/mA			$\Delta i_C/mA$			
u_{BE}/V			$\Delta u_{BE}/V$		$\Delta u_o/\Delta u_{BE}$	
u_o/V			$\Delta u_o/V$			

结论：共射极放大电路_____(有/没有)电流放大作用，_____(有/没有)电压放大作用，_____(有/没有)功率放大作用。

 相关知识

1. 放大对象——低频小信号

模拟电子技术里所提及的放大对象是变化量，也就是交流量。从交流量的三要素范畴来看，这里的放大对象的频率属于低频，即音频(2 kHz～20 kHz)范围；幅度属于小信号，这里的"小"是一个相对概念，是指电路中信号的幅度小至可以忽略器件的非线性效应，一般是几 mV 或几十 mV 级的电压；衡量放大的主要性能指标是电压的放大倍数。

2. 三极管放大电路的组成方式

晶体管的三个电极中，发射极 e 既能作输入端又能作输出端；集电极 c 只能作输出端，不能作输入端；基极 b 只能作输入端，不能作输出端。也就是说，构成放大电路时，可作为输入回路的电极有基极 b 和发射极 e，可作为输出回路的电极有发射极 e 和集电极 c，既可作输入回路又可作输出回路的只有发射极 e。

我们把三个电极中，输入回路和输出回路共同所有的那个电极称为公共端。三极管三个电极的特点决定了三极管在对小信号实现放大作用时，电路的连接方式(或称组态)有三种不同的形式：共发射极放大、共集电极放大和共基极放大，如图 1.3.3 所示。三种形式连接方式中，应用最多的是共发射极放大，即以发射极 e 作为信号的公共端，输入信号加在基极 b 与发射极 e 之间，输出信号从集电极 c 与发射极 e 之间取得。

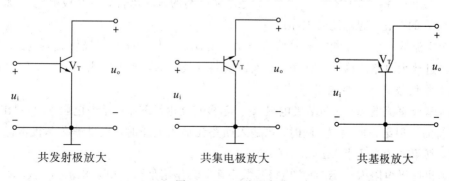

| 共发射极放大 | 共集电极放大 | 共基极放大 |

图 1.3.3 三种组态

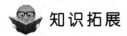 **知识拓展**

模拟电路中字母大小写的规律

为了分析电路方便，在模拟电子技术中，对字母大小写的使用作如下规定。

(1) 直流量：用大写字母和大写下标表示，如 I_B 表示基极直流电流，U_{CC} 表示发射极直流电压等。

(2) 交流量：用小写字母和小写下标表示，如 u_i 表示输入信号电压，u_o 表示输出信号电压。

(3) 瞬时值：瞬时值是指直流分量和交流分量的叠加。用小写字母和大写下标表示，如 i_B 表示三极管基极的瞬时值，$i_B = i_b + I_B$。

(4) 变化量：用 Δ 表示。如 ΔI_B 表示三极管基极直流电流的变化量，Δi_B 表示三极管基极瞬时电流的变化量。

二、放大电路的状态

典型的共射极放大电路如图 1.3.4 所示，由图可见，电路中有一个 NPN 型三极管 V_T 作为放大器件，输入回路与输出回路的公共端是三极管的发射极 e，所以称为单管共射放大电路。

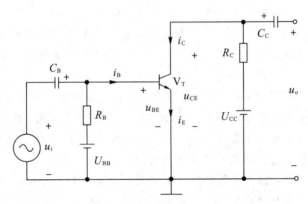

图 1.3.4　共射极放大电路测试

1. 放大电路各元器件的作用

在图 1.3.4 所示的电路中，各个元器件的作用如下：

(1) 三极管 V_T。NPN 型三极管 V_T 是放大电路的核心器件，用基极电流 i_B 来控制集电极电流 i_C 的变化，起电流放大作用。

(2) 交流输入信号 u_i 和交流输出信号 u_o。交流输入信号 u_i 是三极管放大电路的放大对象，其经过放大电路的输入回路送入，经过电路的放大后，产生输出信号 u_o，输出信号 u_o 提供给电路负载或下一级电路。

(3) 基极直流电源 U_{BB} 和基极电阻 R_B。基极直流电源 U_{BB} 和基极电阻 R_B 共同作用以保证三极管的发射结正向偏置，同时，当输入回路无输入电压时，提供静态基极电流。R_B 一般较大，其阻值约为几十 kΩ 到几百 kΩ。

(4) 集电极电阻 R_C。R_C 是集电极负载电阻，其作用是当集电极电流 i_C 通过 R_C 时，将其电流的变化转换为集电极电压的变化，然后传送到放大电路的输出端，实现电压变化。

（5）集电极直流电源U_{CC}。U_{CC}是集电极直流电源，首先为放大电路提供能量，是整个放大电路的能量来源；其次和集电极电阻R_C共同作用以保证三极管的集电结处于反偏状态。

（6）耦合电容C_B和C_C。耦合电容C_B和C_C的作用是隔直流通交流，也就是阻断直流而能让交流信号通过，一般C_B和C_C的容量为几μF到几十μF（微法）。

图1.3.4所示的电路中，通常把输入回路和输出回路的共同端点，即发射极所在端，称为电路"地"，用"⏚"表示，作为电路的零电位参考点，该零电位参考点不一定要真的接着大地。这样一来，电路中各个点的电位就是指各点到该"地"的电压值。

我们从图1.3.4所示的共射极放大电路中可以明显看出，该电路使用两个直流电源U_{CC}和U_{BB}，这样一来，使得电路既不方便也不经济，而基极直流电源U_{BB}和基极电阻R_B的作用是用来保证三极管发射结正偏，我们只要选择合适的基极电阻R_B，可以只通过一个直流稳压电源U_{CC}供电，同样可以获得保证三极管发射结正偏的条件，于是就得到了如图1.3.5所示的单电源共射极放大电路。

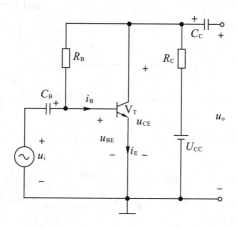

图1.3.5 单电源供电共射极放大电路

同时为了使电路图简化，常常可以省去直流电源的符号，只标出电源对"⏚"的电压值和极性，输入电压u_i和输出信号u_o的也可以用类似的方法表示，习惯用"＋""－"标出交流信号对"⏚"的参考方向即可，于是又得到了如图1.3.6所示的共射极放大电路的习惯画法。该习惯画法也适用于其他放大电路的画图。

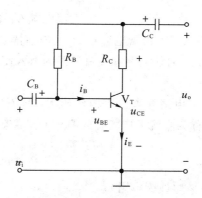

图1.3.6 共射极放大电路的习惯画法

技能训练——共射放大电路静态工作点测量

测试电路如图 1.3.7 所示，三极管 V_T 的型号选择为 2N2222，其中电位器 R_W = 500 kΩ，基极电阻 R_B = 51 kΩ，集电极电阻 R_C = 1 kΩ，耦合电容 C_B 和 C_C 分别为 C_B = 22 μF 和 C_C = 47 μF，集电极直流电压 U_{CC} = 12 V。

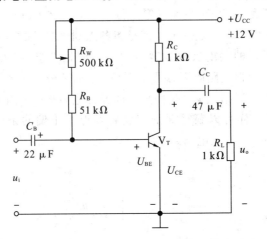

图 1.3.7　三极管共射放大电路静态工作点测量

训练步骤如下：

(1) 不接 u_i，用万用表测量并记录三极管的发射结电压 U_{BE} = _____ V，基极电流 I_B = _____ μA。

(2) 调节 R_W，观察 U_{BE} _____(有/无)明显变化，基极电流 I_B _____(有/无)明显变化。

(3) 调节 R_W，在调节 R_W 的过程中，观测 U_{CE} _____(有/无)明显变化，集电极电流 I_C _____(有/无)明显变化。

(4) 当 U_{CE} = 6 V 时，测量发射结电压 U_{BE} = _____ V，集电极电流 I_C = _____ mA，该三极管工作在 _____(放大/截止/饱和)区。

结论：在放大区，调节 R_W 时，U_{BE} _____(有/无)明显变化，I_B _____(有/无)明显变化，集电极电流 I_C _____(有/无)明显变化，U_{CE} _____(有/无)明显变化，即调节 R_W 时 _____(不可以/可以)明显改变放大器的工作状态。

2. 放大电路的状态

图 1.3.5 所示的单管共射放大电路中，由于直流电源 U_{CC} 的作用和交流信号 u_i 的作用共存，使得电路分析变得较为复杂，由于电容 C_B 和 C_C 具有隔直通交的作用，因此可以将该电路分为直流通路和交流通路，直流通路和交流通路的引入使得电路的分析简化。

1) 直流通路和静态

没加输入信号时(u_i = 0)，电路在直流电源作用下，直流电流流经的通路称为直流通路。直流通路工作时的状态称为直流工作状态或静止工作状态，简称静态。

直流通路的画法：

(1) 电容视为开路；

(2) 电感线圈视为短路(忽略线圈电阻)；

(3) 信号源视为短路，但应保留其内阻。

根据直流通路的画法，可画出图 1.3.5 所示的单管共射放大电路的直流通路如图 1.3.8 所示。

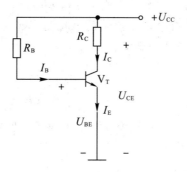

图 1.3.8　直流通路

2）交流通路和动态

当输入信号 u_i 工作时，电路在交、直流电共同作用下，电流流经的通路称为交流通路。交流通路工作时的状态称为交流工作状态或动态工作状态，简称动态。

交流通路的画法：

（1）电容视为短路；

（2）直流电源视为短路，由于直流电源内阻很小，在放大电路分析的时候完全可以忽略。

根据交流通路的画法，可画出图 1.3.5 所示的单管共射放大电路的交流通路如图 1.3.9 所示。

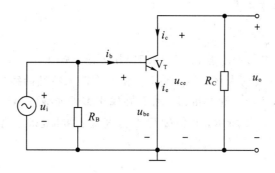

图 1.3.9　交流通路

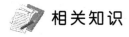 **相关知识**

三极管的微变等效电路

由于三极管是非线性元件，通常不能用线性电路的方法来分析非线性元件。但是，当输入、输出都很小时，信号只是在静态工作点附近的小范围内变动，三极管的特性曲线可以近似地看成是线性的，此时，三极管可以用一个等效的线性电路来代替，这样就可以用计算线性电路的方法来分析放大电路了。

由三极管输入特性可以看出，当输入信号较小时，可以把 Q 点附近的一段曲线看成直线，这样三极管发射结就相当于一个线性电阻 r_{be}，结合三极管输入特性曲线，三极管的输入电阻可定义为

$$r_{be} = \frac{\Delta U_{BEQ}}{\Delta I_{BQ}} \qquad\qquad (1.3.1)$$

r_{be} 叫做三极管的输入电阻。它是从三极管的输入端(b、e 端)看进去的交流等效电阻，r_{be} 的大小与静态工作点的位置有关，通常 r_{be} 的值在几百欧到几千欧之间，对于小功率管，r_{be} 为 1 kΩ 左右。工程上常用下式来估算：

$$r_{be} = 300 + (1+\beta)\frac{26\ mV}{I_{EQ}} \qquad\qquad (1.3.2)$$

三极管在输入信号电流 i_B 作用下，相应地产生输出信号电流 i_C，并且有 $i_C = \beta i_B$，即集电极电流只受基极电流控制。因此，从输出端 c、e 间看三极管是一个受控电流源。三极管的微变等效电路如图 1.3.10 所示。

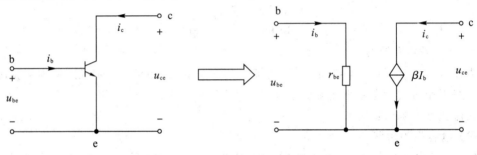

图 1.3.10　三极管微变等效电路

我们在分析放大电路时，只需将三极管的微变等效电路去替换交流通路中的三极管，即得到放大电路的微变等效电路。

3) 静态工作点 Q

在直流工作状态，电路处于静态，发射结电压 U_{BE}、基极电流 I_B、集电极电流 I_C 和集电极-发射极电压 U_{CE} 的值均为直流量。将 U_{BE} 和 I_B 在输入特性曲线坐标轴中标注出来，便可确定一个点 $Q(U_{BEQ}, I_{BQ})$；同样将 U_{CE} 和 I_C 在输出特性曲线中标注出来也可确定一个点 $Q(U_{CEQ}, I_{CQ})$，如图 1.3.11 所示，我们称 Q 点为直流工作状态时的静态工作点。

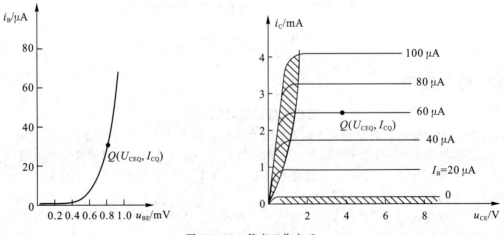

图 1.3.11　静态工作点 Q

4）静态工作点 Q 的计算

如图 1.3.12 所示，根据基尔霍夫定律可到

$$I_{BQ}R_B+U_{BEQ}=U_{CC}$$

$$I_{CQ}R_C+U_{CEQ}=U_{CC}$$

则有：

$$I_{BQ}=\frac{U_{CC}-U_{BEQ}}{R_B}\approx\frac{U_{CC}}{R_B} \tag{1.3.3}$$

$$I_{CQ}=\beta I_{BQ} \tag{1.3.4}$$

$$U_{CEQ}=U_{CC}-I_{CQ}R_C \tag{1.3.5}$$

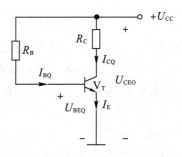

图 1.3.12　Q 点计算

【例 1.3.1】　三极管管型为 3DG6，$U_{CC}=12$ V，$R_B=280$ kΩ，$R_C=2$ kΩ，$\beta=50$。求放大电路静态工作点 Q。

解　由式(1.3.3)~式(1.3.5)得

$$I_{BQ}=\frac{U_{CC}-U_{BEQ}}{R_B}=\frac{12-0.7}{280}=40\ \mu A$$

$$I_{CQ}=\beta I_{BQ}=40\times50=2\ mA$$

$$U_{CEQ}=U_{CC}-I_{CQ}R_C=12-2\times2=8\ V$$

由式(1.3.3)可以看出，若基极电阻 R_B 不变，则基极电流 I_{BQ} 固定不变，我们称这种共射极放大电路为固定偏置放大电路。在固定偏置放大电路中，由于半导体三极管参数的热稳定性，当温度变化时，会引起电路发射结电压 U_{BEQ} 变化，进而引起基极电流 I_{BQ}、集电极电流 I_{CQ} 和集电极-发射极电压 U_{CEQ} 发生变化，通过图 1.3.11 可以明显看出，电路的静态工作点 Q 将发生移动，严重时会造成输出电压失真。为了稳定放大电路的性能，必须在电路的结构上加以改进，使静态工作点保持稳定。

5）分压式偏置放大电路

由于固定偏置放大电路静态工作点 Q 的不稳定性，可能会造成输出信号的失真，所以引入了如图 1.3.13 所示的分压式偏置放大电路，分压式偏置放大电路是目前应用最广泛的一种偏置电路。

（1）图中 R_{B1} 和 R_{B2} 为基极的上偏电阻和下偏电阻，取代了固定偏置中的电阻 R_B，它们的作用是保证三极管的基极有合适的工作电压。因基极电压是由 R_{B1} 和 R_{B2} 分压得到的，所以此电路称为分压式偏置放大电路。

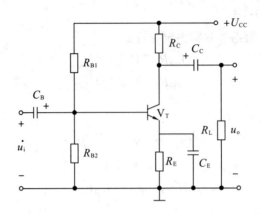

图 1.3.13　分压式偏置放大电路

（2）集电极电阻 R_C 是集电极负载电阻，其作用是集电极电流 i_C 通过 R_C 时，将其电流的变化转换为集电极电压的变化，然后传送到放大电路的输出端，实现电压变化。

（3）耦合电容 C_B 和 C_C 的作用是隔直流通交流，也就是阻断直流而能让交流信号通过，一般 C_B 和 C_C 的容量为几微法到几十微法。

（4）C_E 是旁路电容，其作用也是隔直流通交流。

根据直流通路的画法，可得到分压式偏置放大电路的直流通路如图 1.3.14 所示，根据基尔霍夫定律可得

$$I_{B1} = I_{B2} + I_{BQ} \approx I_{B2}（忽略基极电流 I_{BQ}）$$

则有

$$U_{BQ} = \frac{U_{CC}}{R_{B1} + R_{B2}} \cdot R_{B2} \tag{1.3.6}$$

$$I_{EQ} = \frac{U_{EQ}}{R_E} = \frac{U_{BQ} - U_{BEQ}}{R_E} \approx \frac{U_{BQ}}{R_E} \tag{1.3.7}$$

$$I_{BQ} = \frac{I_{EQ}}{1 + \beta} \tag{1.3.8}$$

$$I_{CQ} = \beta I_{BQ} \tag{1.3.9}$$

$$U_{CEQ} = U_{CC} - I_{CQ} \cdot R_C - I_{EQ} R_E \approx U_{CC} - I_{CQ}(R_C + R_E) \tag{1.3.10}$$

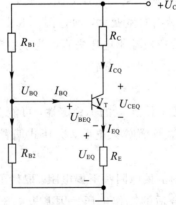

图 1.3.14　分压式直流通路

由式(1.3.6)可见，基极电压 U_{BQ} 的值与三极管参数无关，只取决于 U_{CC}、R_{B1} 和 R_{B2}，只要 U_{CC}、R_{B1} 和 R_{B2} 不随外界温度的变化而变化，则 U_{BQ} 的值就为定值。分压式偏置放大电路稳定静态工作点的过程为

$$T\uparrow\to U_{BEQ}\uparrow\to I_{BQ}\uparrow\to I_{CQ}\uparrow\to I_{EQ}\uparrow\to Q\uparrow\xrightarrow{U_{BQ}不变}U_{BEQ}\downarrow\to I_{BQ}\downarrow\to I_{CQ}\downarrow\to U_{CEQ}\uparrow\to Q\downarrow$$

$$T\downarrow\to U_{BEQ}\downarrow\to I_{BQ}\downarrow\to I_{CQ}\downarrow\to I_{EQ}\downarrow\to Q\downarrow\xrightarrow{U_{BQ}不变}U_{BEQ}\uparrow\to I_{BQ}\uparrow\to I_{CQ}\uparrow\to U_{CEQ}\downarrow\to Q\uparrow$$

由此可见，温度升高(降低)引起 Q 点上升趋于饱和区，而电路自身的调节作用使得 Q 点又降级回到放大区，这就是分压式偏置放大电路稳定静态工作点 Q 的过程。

【例 1.3.2】　电路如图 1.3.13 所示。三极管的管型为 3AG6，$U_{CC}=12$ V，$R_{B1}=12$ kΩ，$R_{B2}=28$ kΩ，$R_C=1$ kΩ，$R_L=1$ kΩ，$R_E=1$ kΩ，$\beta=60$。求放大电路静态工作点 Q。

解　由式(1.3.6)~式(1.3.10)得

$$U_{BQ}=\frac{U_{CC}}{R_{B1}+R_{B2}}\cdot R_{B2}=\frac{12}{12+28}\times28=7.2\ \text{V}$$

$$I_{EQ}=\frac{U_{BQ}-U_{BEQ}}{R_E}=\frac{7.2-0.3}{2}=3.45\ \text{mA}$$

$$I_{BQ}=\frac{I_{EQ}}{1+\beta}=\frac{3.45}{1+60}=57\ \mu\text{A}$$

$$I_{CQ}=\beta I_{BQ}=60\times57=3.42\ \text{mA}$$

$$U_{CEQ}=U_{CC}-I_{CQ}(R_C+R_E)=12-3.42\times(2+1)=5.16\ \text{V}$$

技能训练——分压式放大电路工作点稳定调节测试

测试电路如图 1.3.15 所示，三极管 V_T 的型号选择为 2N2222，基极偏置电阻 $R_{B1}=12$ kΩ，$R_{B2}=28$ kΩ，集电极电阻 $R_C=1$ kΩ，发射极电阻 $R_E=1$ kΩ，直流电压 $U_{CC}=12$ V，A 为虚拟电流表。

训练步骤如下：

(1) 按图 1.3.15 所示，在仿真软件 Proteus 或 Multisim 中正确搭建电路。

(2) 打开仿真开关，读取虚拟电流表 A 数值并记录集电极电流 $I_C=$_____ mA。利用虚拟电压表测量 U_{CE} 值，并记录 $U_{CE}=$_____ V。

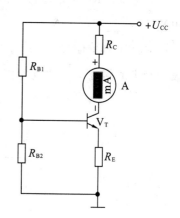

图 1.3.15　分压稳压调节测试电路

(3) 将三极管换为 2N2219(采用不同三极管模拟温度的改变)，读取虚拟电流表 A 数值，读取并记录集电极电流 $I_C=$_____ mA。利用虚拟电压表测量 U_{CE} 值，并记录 $U_{CE}=$_____ V。

结论：此时 U_{CE} 值_____(明显上升/明显下降/基本不变)，也就是说，此时的 I_C 值_____(明显下降/明显上升/基本不变)，这说明分压式偏置电路_____(具有/不具有)稳定工作点的作用。

技能训练——共射放大电路动态工作状态的仿真测试

测试电路如图 1.3.16 所示，三极管 V_T 的型号选择为 2N2222，其中电位器 $R_W = 500$ kΩ，基极电阻 $R_B = 51$ kΩ，集电极电阻 $R_C = 1$ kΩ，负载电阻 $R_L = 1$ kΩ，耦合电容 C_B 和 C_C 分别为 $C_B = 22$ μF 和 $C_C = 47$ μF，集电极直流电压 $U_{CC} = 12$ V，输入信号 $u_i = 20\sqrt{2}\sin2\pi t$ mV，X 为虚拟示波器。

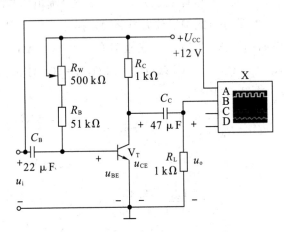

图 1.3.16　动态仿真电路

训练步骤如下：

(1) 先断开 R_L 和 u_i，用万用表测量并记录三极管的发射结电压 $U_{BE} = \underline{\hspace{2cm}}$ V，基极电流 $I_B = \underline{\hspace{2cm}}$ μA。

(2) 调节 R_W，使 $U_{CE} = 6$ V，接入输入信号 u_i，用虚拟数字示波器同时观测输入信号 u_i 和发射结上的信号 u_{BE}，并将观测到的波形记录在图 1.3.17 所示的坐标轴中。

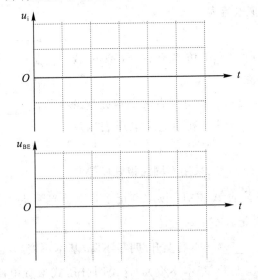

图 1.3.17　u_i 和 u_{BE} 波形

结论：u_i 和 u_{BE} 波形幅度大小_____（基本相同/完全不同）。另外，接入 u_i 后，由于 u_{BE} 中_____（含有/不含有）直流分量，即 u_{BE} 为_____（纯交流量/交直流叠加量），因此，在放大区调节 R_W 时，u_{BE}_____（有/无）明显变化，i_B_____（有/无）明显变化，集电极电流 i_C_____（有/无）明显变化，u_{CE}_____（有/无）明显变化，即调节 R_W 时_____（不可以/可以）明显改变放大器的工作状态。

（3）保持步骤（2），用虚拟数字示波器同时观测输入信号 u_i 和信号 u_{CE}，并将观测到的波形记录在图 1.3.18 所示的坐标轴中。

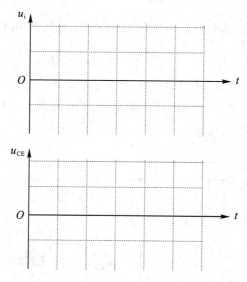

图 1.3.18　u_i 和 u_{CE} 波形

结论：u_{CE} 中_____（含有/不含有）直流分量，即 u_{CE} 为_____（纯交流量/交直流叠加量），因此，$u_{CE}=$_____（$U_{CE}+u_{ce}/u_{ce}$）。

（4）保持步骤（2），用虚拟数字示波器同时观测输入信号 u_i 和输出信号 u_o，并将观测到的波形记录在图 1.3.19 所示的坐标轴中。同时用示波器或交流毫伏表测量输入电压和输

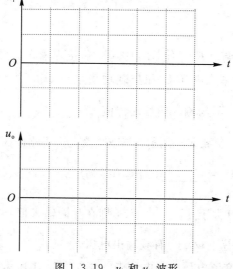

图 1.3.19　u_i 和 u_o 波形

51

出电压的大小：$U_i = $ ＿＿＿＿＿，$U_o = $ ＿＿＿＿＿，并计算 $\dfrac{U_o}{U_i} = $ ＿＿＿＿＿。

结论：从实验中可以看出，由于电容 C_c 的隔直流作用，实际的输出电压 u_o 中 ＿＿＿＿＿（含有/不含有）直流成分，即 $u_o = $ ＿＿＿＿＿（$U_{CE} + u_{ce}/u_{ce}$）。

结论：输出电压的波形 u_o 与输入电压的波形 u_i ＿＿＿＿＿（基本相同/完全不同），即共射基本放大电路为 ＿＿＿＿＿（同相/反相）放大电路。输出电压的幅度 ＿＿＿＿＿（远大于/远小于/基本等于）输入电压的幅度，即 ＿＿＿＿＿（实现了/没有实现）信号的不失真放大。

技能训练——共射放大电路的性能指标

测试电路如图 1.3.20 所示，三极管 V_T 的型号选择为 2N2222，其中电位器 $R_W = 500\ \text{k}\Omega$，基极电阻 $R_B = 51\ \text{k}\Omega$，集电极电阻 $R_C = 1\ \text{k}\Omega$，负载电阻 $R_L = 1\ \text{k}\Omega$，耦合电容 C_B 和 C_C 分别为 $C_B = 22\ \mu\text{F}$ 和 $C_C = 47\ \mu\text{F}$，集电极直流电压 $U_{CC} = 12\ \text{V}$，输入信号 $u_i = 20\sqrt{2}\sin 2\pi t\ \text{mV}$，X 为虚拟示波器。

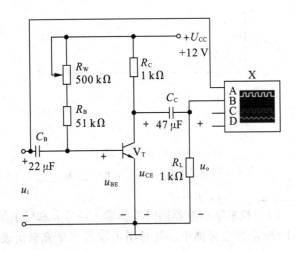

图 1.3.20　放大倍数测定

训练步骤如下：

(1) 先断开 R_L 和 u_i，调节 R_W，使 $U_{CE} = 8\ \text{V}$，后接入输入信号 $u_i = 20\sqrt{2}\sin 2\pi t\ \text{mV}$，用示波器或交流毫伏表测量输入电压 U_i 和空载输出电压 U'_o，并记录 $U_i = $ ＿＿＿＿＿，$U'_o = $ ＿＿＿＿＿，计算空载输出信号与输入信号的比值 $\dfrac{U'_o}{U_i} = $ ＿＿＿＿＿。

(2) 保持步骤(1)，接入负载 R_L，用示波器或交流毫伏表测量输入电压 U_i 和有载输出电压 U_o，并记录 $U_i = $ ＿＿＿＿＿，$U_o = $ ＿＿＿＿＿，计算有载输出信号与输入信号的比值 $\dfrac{U_o}{U_i} = $ ＿＿＿＿＿。

结论：$\dfrac{U_o}{U_i}$ ＿＿＿＿＿ $\dfrac{U'_o}{U_i}$（大于/等于/小于），即在相同输入信号时，同一放大电路的空载输出电压 ＿＿＿＿＿（大于/等于/小于）有载输出电压。

(3) 在输入回路接入交流电压表和电流表，如图 1.3.21 所示，测量输入电压 U_i 和输入

电流 I_i，并记录 $U_i=$ _____，$I_i=$ _____，计算$U_i/I_i=$ _____。

（4）在输出回路接入交流电压表和电流表，如图 1.3.21 所示，在保持输入信号不变的前提下，分别测出放大电路输出端开路电压U_o'和有负载时的电压 U_o，并记录$U_o'=$ _____，$U_o=$ _____，再计算出 $\left(\dfrac{U_o'}{U_o}-1\right)R_L=$ _____。

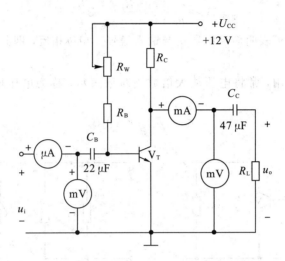

图 1.3.21　输入输出电阻测定

3. 放大电路的性能指标

为了描述和鉴别放大器性能的优劣，人们根据放大电路的用途制定了若干性能指标。对于低频放大电路，通常以输入端加不同频率的正弦电压来对电路进行分析。图 1.3.22 是放大电路的等效结构示意图，其中 u_s 是放大电路的输入信号源，R_s 是信号源内阻，u_i 是输入信号，u_o 是负载 R_L 开路时的输出电压。

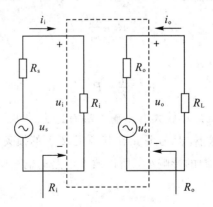

图 1.3.22　放大电路的等效结构示意图

放大电路常用的主要性能指标如下。

1）电压放大倍数 A_u

放大器输出信号 u_o 与输入信号 u_i 之比叫做放大器的放大倍数，或叫放大器的增益，它

表示放大器的放大能力，即

$$A_u = \frac{u_o}{u_i} \tag{1.3.11}$$

将放大电路交流通路中的三极管用其微变等效电路代替，即得到放大电路的微变等效电路。图1.3.23所示是固定偏置放大电路的微变等效电路，则

$$A_u = \frac{u_o}{u_i} = \frac{i_C \cdot R_L}{i_B \cdot r_{be}} = -\beta \frac{R_L}{r_{be}} \tag{1.3.12}$$

上式中的负号"－"表明输出信号 u_o 与输入信号 u_i 相位相反，即共射极放大电路具有倒相作用。

工程上为方便使用，常将电压放大倍数用对数表示，称为电压增益 G_u，单位是分贝（dB），即

$$G_u = 20 \lg A_u \text{(dB)} \tag{1.3.13}$$

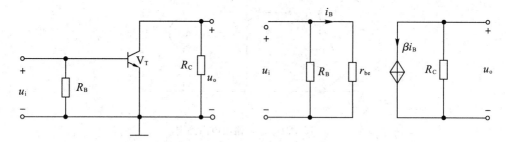

图1.3.23　放大电路微变等效电路

2）输入电阻 R_i

如图1.3.22所示，放大电路输入端接信号源 u_s 时，放大电路对信号源 u_s 来说，相当于是信号源的负载，从信号源索取电流。索取电流的大小，表明了放大电路对信号源的影响程度。输入电阻定义为输入电压 u_i 与输入电流 i_i 的比，即

$$R_i = \frac{u_i}{i_i} \tag{1.3.14}$$

对于图1.3.23，则有

$$R_i = \frac{u_i}{i_i} = R_B /\!/ r_{be}$$

由图1.3.22可见，R_i 就是从放大电路输入端看进去的等效电阻。如果 R_i 越大，表明它从信号源 u_s 索取的电流越小，信号源 u_s 在其内阻 R_s 上的损失就越小，加到放大电路的输入电压 u_i 就越多，即对信号源的影响小，所以放大电路的输入电阻 R_i 越大越好。

从输入回路可以求出：

$$u_i = \frac{u_s}{R_S + R_i} \cdot R_i \tag{1.3.15}$$

当考虑信号源内阻影响时，源电压放大倍数为

$$A_{us} = \frac{u_o}{u_s} = \frac{u_i}{u_s} \cdot \frac{u_o}{u_i} = A_u \frac{R_i}{R_s + R_i} \tag{1.3.16}$$

由此可见，当考虑信号源内阻时，电压放大倍数变小。

3）输出电阻 R_o

当放大电路将输入信号放大后传输给负载 R_L 时，对负载 R_L 而言，放大电路可视为具有内阻 R_o 的信号源，这个信号源的电压值就是输出端开路时的输出电压 u_o'，其内阻 R_o 称为放大电路的输出电阻。在保持输入信号不变的前提下，分别测出放大电路输出端开路电压 u_o' 和有负载时的电压 u_o，则输出电阻 R_o 可由下式来确定，即

$$R_o = \left(\frac{u_o'}{u_o} - 1\right)R_L \tag{1.3.17}$$

如图 1.3.22 所示，相当于从放大电路输出端看进去的交流等效电阻。R_o 值越小，则当 R_L 变化（即 i_o 变化）时，输出电压 u_o 变化越小，即放大电路带负载的能力越强，反之 R_o 越大，表明放大电路带负载的能力越差。

【例 1.3.3】　放大电路如图 1.3.24（a）所示，三极管的管型为 3DG6，$U_{CC} = 12$ V，$R_B = 280$ kΩ，$R_C = 2$ kΩ，$\beta = 50$。求电路的动态技术指标 A_u、R_i 及 R_o。

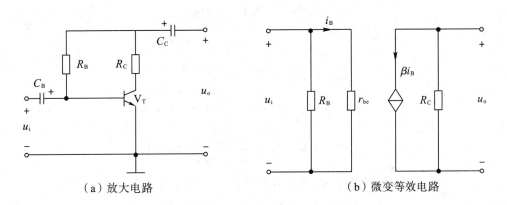

（a）放大电路　　　　　　　　　　（b）微变等效电路

图 1.3.24　例 1.3.3 电路图

解　由例 1.3.1 知：

$$I_{BQ} = \frac{U_{CC} - U_{BEQ}}{R_B} = \frac{12 - 0.7}{280} = 40 \ \mu A$$

$$I_{CQ} = \beta I_{BQ} = 40 \times 50 = 2 \ mA$$

$$U_{CEQ} = U_{CC} - I_{CQ}R_C = 12 - 2 \times 2 = 8 \ V$$

该放大电路的微变等效电路如图 1.3.24(b)所示，由图可得

$$r_{be} = 300 + (1+60)\frac{26 \ mV}{I_{BQ} \ mA} = 300 + (1+60)\frac{26 \ mV}{2 \ mA} \approx 976 \ \Omega$$

$$A_u = -\beta\frac{R_C}{r_{be}} = -60 \times \frac{1}{0.76} \approx -78.9$$

$$R_i = R_B /\!/ r_{be} = 280 /\!/ 0.976 = 976 \ \Omega$$

$$R_o = R_C = 1 \ k\Omega$$

【例 1.3.4】　电路如图 1.3.25 所示，三极管的管型为 3AG6，信号源 u_s 的内阻 $R_s =$

$100\ \Omega$，$U_{CC}=12\ V$，$R_{B1}=12\ k\Omega$，$R_{B2}=28\ k\Omega$，$R_C=1\ k\Omega$，$R_L=1\ k\Omega$，$R_E=1\ k\Omega$，$\beta=60$。求放大电路的 A_u、R_i、R_o 及 A_{us}。

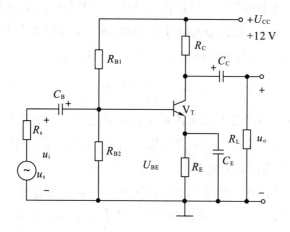

图 1.3.25　例 1.3.4 电路图

解　由例 1.3.2 已知：

$$U_{BQ}=\frac{U_{CC}}{R_{B1}+R_{B2}}\cdot R_{B2}=\frac{12}{12+28}\times28=7.2\ V$$

$$I_{BQ}=\frac{U_{BQ}-U_{BEQ}}{R_E}=\frac{7.2-0.3}{2}=3.45\text{mA}$$

$$r_{be}=300+(1+60)\frac{26\ mV}{3.45\ mA}\approx760\ \Omega$$

该放大电路的微变等效电路如图 1.3.26 所示，由图可得

$$A_u=-\beta\frac{R_L/\!/R_C}{r_{be}}=-60\times\frac{1/\!/1}{0.76}\approx-39.5$$

$$R_i=R_{B1}/\!/R_{B2}/\!/r_{be}=12/\!/280/\!/0.76\approx760\ \Omega$$

$$R_o=R_C=1\ k\Omega$$

$$A_{us}=A_u\frac{R_i}{R_s+R_i}=-39.5\times\frac{760}{760+100}=-34.9$$

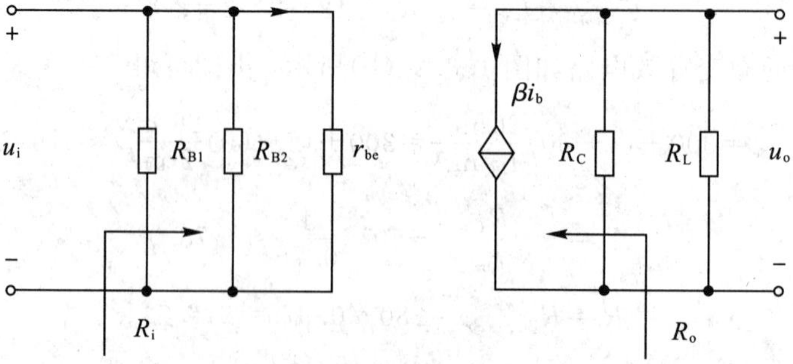

图 1.3.26　微变等效电路

1.3.2 小信号放大电路测试

技能训练——共发射极放大电路

测试电路如图 1.3.27 所示，三极管 V_T 的型号选择为 2N2222，其中电位器 $R_W=$ 100 kΩ，基极电阻 $R_{B1}=100$ kΩ，$R_{B2}=22$ kΩ，集电极电阻 $R_C=5.1$ kΩ，发射极电阻 $R_E=$ 1.2 kΩ，负载电阻 $R_L=1$ kΩ，耦合电容 C_B 和 C_C 分别为 $C_B=22$ μF，$C_C=47$ μF，旁路电容 $C_E=100$ μF，集电极直流电压 $U_{CC}=12$ V，输入信号 $u_i=30\sqrt{2}\sin2\pi t$ mV。

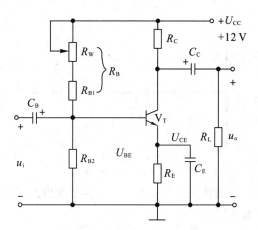

图 1.3.27 三极管电流关系测试电路

训练步骤如下：

(1) 静态测量和计算。

① 按图 1.3.27 所示，在面包板上或在仿真软件(Multisim、Proteus)中正确搭建所示电路。

② 不接入 u_i，调节 R_W，使 $U_{CEQ}=6$ V，完成表 1.3.2 各个参数的测量和计算。

③ 保持②条件不变，将三极管型号改为 2N2712，完成表 1.3.2 各个参数的测量和计算。

④ 计算各参数过程如下：

$$U_{BQ}=\frac{U_{CC}}{R_B+R_{B2}} \cdot R_{B2}$$

$$I_{EQ}=\frac{U_{EQ}}{R_E}=\frac{U_{BQ}-U_{BEQ}}{R_E}\approx\frac{U_{BQ}}{R_E}$$

$$U_{CEQ}\approx U_{CC}-I_{EQ}(R_C+R_E)$$

(2) 动态测量和计算。

表 1.3.2 共射极小信号静态数据测量与计算

三极管型号	实测数据								计算数据			
	U_{CEQ}/V	U_{BQ}/V	U_{BQ}/V	R_{B1}/Ω	R_{B2}/Ω	R_W/Ω	R_C/Ω	R_E/Ω	I_{BQ}/mA	I_{CQ}/mA	R_B/Ω	β
2N2222												
2N2712												

① 按图 1.3.27 所示，在面包板上或在仿真软件(Multisim、Proteus)中正确搭建所示电路。

② 接入输入信号 $u_i = 30\sqrt{2}\sin2\pi t$ mV，用数字双踪示波器观测输入输出波形，并将输入输出波形绘制在图 1.3.28 所示的坐标轴中。

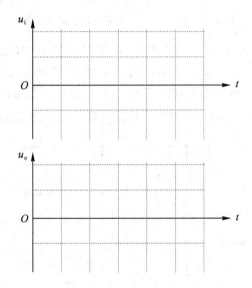

图 1.3.28 u_i 和 u_o 波形

③ 将负载电阻分别断开和接入，完成表 1.3.3 各个参数的测量和计算。

④ 计算各参数过程如下：

$$A_u = -\beta\frac{R_L}{r_{be}}$$

表 1.3.3   共射极小信号动态数据测量与计算

实 测 数 据			实 测 数 据		计算数据
三极管型号	$R_C/k\Omega$	$R_L/k\Omega$	u_i/mV	u_o/V	I_{EQ}/mA
2N2222	5.1	∞			
	5.1	1			
2N2712	5.1	∞			
	5.1	1			

⑤ 调节电位器 R_w 到两个极端，观测输出信号波形的变化情况，试分析观测的波形变化的原因。

共射极三极管小信号放大电路具有电压放大作用；空载时的电压放大倍数大，有载时电压放大倍数减小；输出电压和输入电压相位相反(相差 $180°$)。

知识拓展

所谓失真，是指信号在传输过程中与原有信号或标准相比所发生的偏差。在理想的放大器中，输出波形除放大外，应与输入波形完全相同，但实际上，不能做到输出与输入的波形完全一样，这种现象叫失真，又称畸变。失真是输入信号与输出信号在幅度比例关系、相位关系及波形形状等方面产生变化的现象。非线性失真亦称波形失真、非线性畸变，表现为音响系统输出信号与输入信号不成线性关系，由电子元器件特性、曲线的非线性所引起，使输出信号中产生新的谐波成分，改变了原信号频谱，包括谐波失真、瞬态互调失真、互调失真等，非线性失真不仅会破坏音质，还有可能由于过量的高频谐波和直流分量烧毁音箱高音扬声器和低音扬声器。

三极管放大电路的非线性失真是由于电路工作点进入三极管的饱和或截止区造成的。主要的非线性失真有以下两种。

1. 截止失真

如果电路中 R_B 的阻值太大，则 I_{BQ} 过小，造成电路静态工作点 Q 靠近截止区。在输入信号 u_i 的负半周，基极电流 i_B 的波形出现"削顶"失真，对应的 i_C、u_{CE} 的波形也出现"削顶"失真，如图1.3.29所示的图解法分析。这种失真是由于工作点进入截止区引起的，所以称为截止失真。三极管的静态工作点设置较低时，由于输入信号的叠加有可能使叠加后的波形一部分进入截止区，这样就会出现截止失真。NPN型三极管共射放大电路的截止失真的表现是输出电压的顶部出现削波，PNP型三极管共射放大电路的截止失真是底部失真。

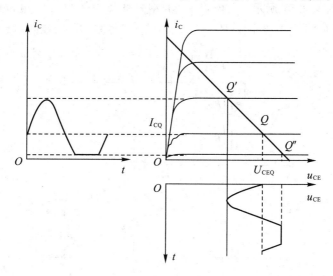

图1.3.29　截止失真

2. 饱和失真

如果偏置电阻 R_B 太小，则 I_{BQ} 过大，会使电路的工作点 Q 上移而靠近饱和区。在输入信号 u_i 的正半周，工作点进入饱和区，三极管失去放大能力，引起 i_C、u_{CE} 的波形出现"削顶"失真。这种失真是因为工作点进入饱和区造成的，所以称为饱和失真，如图1.3.30所示的图解法分析。由于输出电压与集电极电阻上的电压变化相位相反，从而导致输出波形产生底部失真。

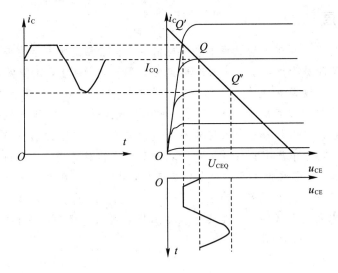

图 1.3.30 饱和失真

在放大电路输出电压不发生饱和失真和截止失真的前提下,由以上分析可知,当工作点 Q 在负载线中点时,输出端可得到最大不失真的输出电压。

技能训练——共集电极放大电路

测试电路如图 1.3.31 所示,三极管 V_T 的型号选择为 2N2222,电位器 $R_W = 100$ kΩ,基极电阻 $R_B = 22$ kΩ,发射极电阻 $R_E = 1.2$ kΩ,负载电阻 $R_L = 1$ kΩ,耦合电容 C_B、C_E 分别为 $C_B = 22$ μF,$C_E = 22$ μF,集电极直流电压 $U_{CC} = 12$ V,输入信号 $u_i = 30\sqrt{2}\sin2\pi t$ mV。

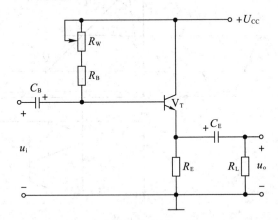

图 1.3.31 共集电极放大电路

训练步骤如下:

(1) 静态测量和计算。

① 按图 1.3.31 所示,在面包板上或在仿真软件(Multisim、Proteus)中正确搭建所示电路。

② 不接入 u_i,调节 R_W,使 $U_{CEQ} = 6$ V,完成表 1.3.4 各个参数的测量和计算。

表 1.3.4　共基电极小信号静态数据测量与计算

实测数据			计算数据		
U_{BEQ}/V	U_{CEQ}/V	U_{EQ}/V	I_{EQ}/mA	I_{CQ}/mA	β

（2）动态测量和计算。

① 接入输入信号 $u_i = 30\sqrt{2}\sin 2\pi t$ mV，用数字双踪示波器观测输入输出波形，并将输入输出波形绘制在图 1.3.32 所示的坐标轴中。

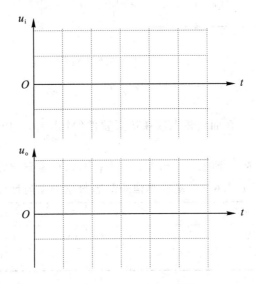

图 1.3.32　u_i 和 u_o 波形

② 将负载电阻断开和接入，完成表 1.3.5 各个参数的测量和计算。

表 1.3.5　共集电极小信号动态数据测量与计算

负载数据	实测数据		计算数据
R_L/Ω	u_i/mV	u_o/V	A_u
∞			
1 kΩ			

结论：共集放大电路为_____（同相/反相）放大电路，且输出电压_____（明显大于/基本等于/明显小于）输入电压。共集放大电路_____（具有/不具有）稳定输出电压的能力。

技能训练——共基极放大电路

测试电路如图 1.3.33 所示，三极管 V_T 的型号选择为 2N2222，电位器 $R_W = 100$ kΩ，基极电阻 $R_{B1} = 51$ kΩ，$R_{B2} = 22$ kΩ，集电极电阻 $R_C = 5.1$ kΩ，发射极电阻 $R_E = 1.2$ kΩ，负载电阻 $R_L = 1$ kΩ，耦合电容 C_B、C_E 和 C_C 分别为 $C_B = 22$ μF，$C_E = 22$ μF、$C_C = 47$ μF，集电极直流电压 $U_{CC} = 12$ V，输入信号 $u_i = 30\sqrt{2}\sin 2\pi t$ mV。

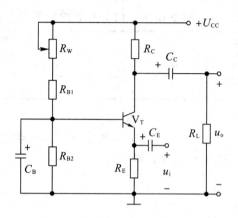

图 1.3.33　共基极放大电路

训练步骤如下：

（1）静态测量和计算。

① 按图 1.3.33 所示，在面包板上或在仿真软件（Multisim、Proteus）中正确搭建所示电路。

② 不接入 u_i，调节 R_W，使 $U_{CEQ} = 6$ V，完成表 1.3.6 各个参数的测量和计算。

表 1.3.6　共基极小信号静态数据测量与计算

实测数据			计算数据		
U_{BEQ}/V	U_{CEQ}/V	U_{EQ}/V	I_{EQ}/mA	I_{CQ}/mA	β

（2）动态测量和计算。

① 接入输入信号 $u_i = 30\sqrt{2}\sin 2\pi t$ mV，用数字双踪示波器观测输入输出波形，并将输入输出波形绘制在图 1.3.34 所示的坐标轴中。

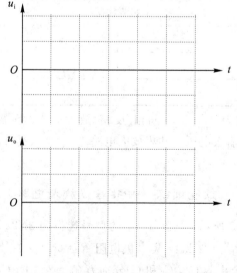

图 1.3.34　u_i 和 u_o 波形

② 将负载电阻断开和接入，完成表 1.3.7 各个参数的测量和计算。

表 1.3.7　共基极小信号动态数据测量与计算

负载数据	实测数据		计算数据
R_L/Ω	u_i/mV	u_o/V	A_u
∞			
1 kΩ			

结论：共基极放大电路为_____（同相/反相）放大电路。

 知识拓展

1. 共集电极放大电路

共集电极放大电路如图 1.3.35 所示。输入信号 u_i 加在基极，而输出信号 u_o 取自发射极，所以又称射极输出器。由如图 1.3.36 所示的微变等效电路可知，输入回路与输出回路的公共端是集电极，因此称为共集电极（CC）电路。

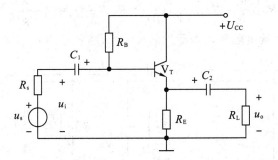

图 1.3.35　共集电极放大电路

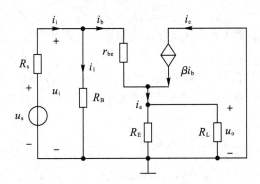

图 1.3.36　共集电极微变等效电路

1）电路的静态工作点 Q 求解

由 $U_{CC}=R_B I_{BQ}+U_{BEQ}+R_E I_{EQ}=R_B I_{BQ}+U_{BEQ}+R_E(1+\beta)I_{BQ}$ 得

$$I_{BQ}=\frac{U_{CC}-U_{BEQ}}{R_E(1+\beta)+R_B} \tag{1.3.18}$$

$$I_{CQ}=\beta I_{BQ} \tag{1.3.19}$$

$$U_{CEQ}=U_{CC}-R_E I_{EQ}\approx U_{CC}-R_E I_{CQ} \tag{1.3.20}$$

2）电路的动态指标求解

（1）求解电压放大倍数 A_u。

电压放大倍数 A_u 为

$$A_u=\frac{u_o}{u_i}=\frac{i_e(R_E /\!/ R_L)}{i_e(R_E /\!/ R_L)+i_b r_{be}}=\frac{(1+\beta)(R_E /\!/ R_L)}{(1+\beta)(R_E /\!/ R_L)+r_{be}} \tag{1.3.21}$$

上式表明共集电路的电压放大倍数 A_u 的值小于1，但是，由于 $(1+\beta)(R_E /\!/ R_L) \gg r_{be}$，因此，$A_u$ 又非常接近于1，并且 A_u 为正值，表明 u_o 与 u_i 同相位，所以又称为射极跟随器，简称射随器。

（2）求解输入电阻 r_i。

输入电阻 r_i 为

$$r_i=[(1+\beta)(R_E /\!/ R_L)+r_{be}] /\!/ R_B \tag{1.3.22}$$

上式表明输入电阻不仅与负载电阻有关，而且输入电阻 r_i 比较大，一般为几十千欧。

（3）求解输出电阻 r_o。

将输入端短路，在输出端加 u_o，产生 i_o，如图1.3.37所示，则有

$$r_o=R_E /\!/ \frac{u_o}{i_E}=R_E /\!/ \frac{u_o}{(1+\beta)i_b}=R_E /\!/ \frac{r_{be}}{1+\beta}=\frac{r_{be}R_E}{(1+\beta)R_E+r_{be}} \tag{1.3.23}$$

从上式可以看出，输出电阻 r_o 等于发射极电阻 R_E 和 $r_{be}/(1+\beta)$ 的并联，通常为几十欧。

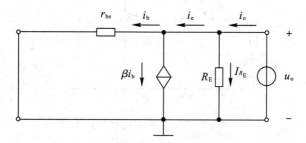

图 1.3.37　共集电极

共集电极放大电路，输入电阻大，输出电阻小；只放大电流，不放大电压；在一定条件下有电压跟随作用。

【例 1.3.5】 已知射极输出器的 $U_{CC}=12\ \text{V}$，$R_B=120\ \text{k}\Omega$，$R_E=2\ \text{k}\Omega$，$R_L=2\ \text{k}\Omega$，$R_S=0.5\ \text{k}\Omega$，三极管 $\beta=50$。试估算电路的静态工作点和性能指标 A_u、r_i 和 r_o。

解 （1）静态工作点为

$$I_{BQ}=\frac{U_{CC}-U_{BEQ}}{R_E(1+\beta)+R_B}=\frac{12-0.7}{2\times(1+50)+120}=51\ \mu\text{A}$$

$$I_{CQ}=\beta I_{BQ}=50\times 51=2.55\ \text{mA}$$

$$U_{CEQ}=U_{CC}-R_E I_{BQ}\approx U_{CC}-R_E I_{CQ}=12-2.55\times 2=6.9\ \text{V}$$

（2）动态指标：

$$r_{be}\approx 300+(1+\beta)\frac{26\text{mV}}{I_{CQ}}=300+(1+50)\frac{26\ \text{mV}}{2.55\ \text{mA}}=810\ \Omega$$

$$R_E /\!/ R_L=\frac{R_E R_L}{R_E+R_L}=\frac{2\times 2}{2+2}=1\ \text{k}\Omega$$

$$A_u=\frac{(1+\beta)(R_E /\!/ R_L)}{(1+\beta)(R_E /\!/ R_L)+r_{be}}=\frac{(1+50)\times 1}{(1+50)\times 1+0.81}=0.98$$

$$r_i = [(1+\beta)(R_E /\!/ R_L) + r_{be}] /\!/ R_B = [(1+50)(0.81 /\!/ 1) + 0.81] /\!/ 1 = 36 \text{ k}\Omega$$

$$r_o = R_E /\!/ \frac{r_{be}}{1+\beta} = 2 /\!/ \frac{0.81}{1+50} = 15 \text{ }\Omega$$

由于射极输出器的输入电阻高，输出电阻低，故常用作多级放大电路的输入级和输出级，并接在两级放大电路之间，作为缓冲级，以减小后级对前级的影响。

2. 共基极放大电路

1）共基极放大电路的组成及其静态工作点

图 1.3.38 所示为共基极放大电路及其微变等效电路。从图可知，u_i 加在发射极，而输出信号 u_o 取自集电极，基极作为输入、输出的公共端，所以称为共基极放大电路（CB）。其直流通路与分压式偏置放大电路（图 1.3.13 所示）完全相同，因此，静态工作点的估算公式与分压式电路完全一样，在此不再赘述。

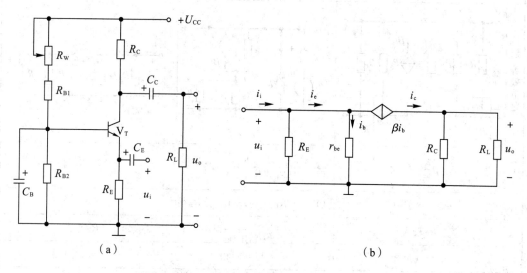

图 1.3.38　共基极放大电路及其微变等效电路

2）共基极放大电路的动态指标

从图 1.3.38 所示的共基极放大电路的微变等效电路中，可求得动态性能指标 A_u、r_i、r_o 如下。

（1）电压放大倍数 A_u 为

$$A_u = \frac{u_o}{u_i} = \frac{i_c(R_C /\!/ R_L)}{i_b r_{be}} = \beta \frac{R_C /\!/ R_L}{r_{be}} \tag{1.3.24}$$

（2）输入电阻 r_i 为

$$r_i = \frac{r_{be}}{1+\beta} /\!/ R_E \approx \frac{r_{be}}{1+\beta} \tag{1.3.25}$$

（3）输出电阻 r_o 为

$$R_o = R_C \tag{1.3.26}$$

由以上式可得，共基极放大电路的输出电压 u_o 与输入电压 u_i 同相位，电压放大倍数的大小与共射放大电路相同；共基极放大电路的输入电阻低，不易受线路分布电容和杂散电容的影响，故高频特性好，常用在宽带放大器和高频电路中。

三极管放大电路三种组态电路各自特点见表 1.3.8。

表 1.3.8　三种组态比较

组态	共射电路(CE)	共集电路(CC)	共基电路(CB)
电路			
微变等效电路			
A_u	$-\beta\dfrac{R_L}{r_{be}}$ 较大	$\dfrac{(1+\beta)(R_E /\!/ R_L)}{(1+\beta)(R_E /\!/ R_L)+r_{be}}$ 略小于 1	$\beta\dfrac{R_C /\!/ R_L}{r_{be}}$ 较大
r_i	$R_B /\!/ r_{be}$ 适中	$[(1+\beta)(R_E /\!/ R_L)+r_{be}] /\!/ R_B$ 很大	$\dfrac{r_{be}}{1+\beta}$ 很小
r_o	R_C 较大	$\dfrac{r_{be}R_E}{(1+\beta)R_E+r_{be}}$ 很小	R_C 较大
Φ	u_o 与 u_i 反相	u_o 与 u_i 同相	u_o 与 u_i 同相
用途	（放大交流信号） 可作多级放大器的中间级	（缓冲、隔离） 可作多级放大器的输入级、 输出级和中间缓冲级	（提升高频特性） 用作宽带放大器

1.3.3　多级放大电路

在实际应用中，放大电路的输入信号通常都很微弱。例如，收音机天线上感应的电台信号只有微伏（μV）数量级，这样微弱的电信号，必须经过多次电压放大和功率放大，才能驱动扬声器发出声音。把几个单级放大电路一级一级地连接起来，就组成多级放大电路。图 1.3.39 所示为多级放大电路的组成框图。

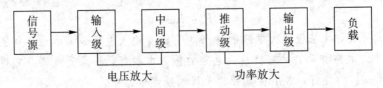

图 1.3.39　多级放大电路的组成框图

一、多级放大电路的耦合方式

耦合方式是指多级放大电路中的前级与后级、信号源与放大电路、放大电路与负载之间的连接方式。最常用的耦合方式有：阻容耦合、变压器耦合和直接耦合三种，如图1.3.40所示。

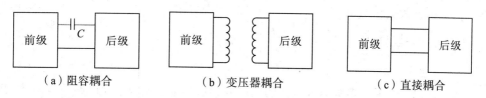

　　（a）阻容耦合　　　　　　（b）变压器耦合　　　　　　（c）直接耦合

图1.3.40　多级放大电路的耦合方式

耦合电路的作用是把前一级的输出信号传送到下一级作为输入信号。对耦合电路的基本要求是：尽量减小信号在耦合电路上的损失，信号在通过耦合电路时不产生失真。

1. 阻容耦合

前后级之间通过电阻、电容连接起来，称为阻容耦合，如图1.3.40(a)所示。阻容耦合的特点是：由于电容C具有隔直通交的作用，因此阻容耦合放大电路只能放大交流信号，不能放大直流信号，前后级放大电路的直流通路互不影响，各级放大电路的静态工作点相互独立，可以单独计算。

2. 变压器耦合

前后级之间通过变压器连接，称为变压器耦合，如图1.3.40(b)所示。由于变压器是利用电磁感应原理在初、次级线圈之间传送交流信号，而直流信号不能通过变压器，因此只能用在交流放大器中。变压器耦合最主要的特点是能改变阻抗，这在功率放大器中具有特别重要的意义。为了得到最大输出功率，要求放大器的输出阻抗等于负载阻抗，变压器可以实现阻抗匹配。

比如前级放大电路的输出阻抗为400 Ω，负载电阻$R_L = 4$ Ω，为了使负载获得最大功率，应该使R_L反射到变压器初级的阻抗$R_L' = 400$ Ω，达到阻抗匹配。根据变压器阻抗变换公式，可得变比n，即

$$n = \frac{N_1}{N_2} = \sqrt{\frac{R_L'}{R_L}} = \sqrt{\frac{400}{4}} = 10$$

上式中的N_1、N_2分别是变压器初、次级匝数，R_L'为次级负载阻抗R_L反射到初级的阻抗值。

3. 直接耦合

直接耦合是通过导线（或电阻）把前级的输出端与后级的输入端直接连接起来，如图1.3.40(c)所示。由于阻容耦合和变压器耦合均有隔直通交的特性，因此这两种耦合方式都只能放大交流信号。但是，在自动控制和测量技术中，通过各类传感器采集的电信号，许多是直流信号，要放大这类电信号只能采用直接耦合方式。

直接耦合虽然简单，但带来的问题是：前、后级的静态工作点相互影响，给静态工作点的设置和稳定都造成一定的困难，尤其是温度对各级静态工作点的影响，会引起零点漂移。现在由于集成电路技术和工艺发展的进步，直接耦合产生的零点漂移已能得到很好的

抑制。因此，直接耦合方式在集成电路中得到广泛应用。

二、多级放大电路的指标估算

1. 电压放大倍数

多级放大电路框图如图 1.3.41 所示，由于后级的输入电压等于前级的输出电压（如 $U_{i2}=U_{o1}$），因此放大倍数 A_u 为

$$A_u=\frac{U_o}{U_i}=\frac{U_{o1}}{U_i}\times\frac{U_{o2}}{U_{i2}}\times\frac{U_{o3}}{U_{i3}}\times\cdots\times\frac{U_{o(n-1)}}{U_{i(n-1)}}\times\frac{U_o}{U_{in}}=A_1\cdot A_2\cdot A_3\cdot\cdots\cdot A_{n-1}\cdot A_n$$

$$(1.3.27)$$

由式(1.3.27)可见，多级放大电路的电压放大倍数等于各级放大电路的电压放大倍数的乘积，即

$$A_u=A_1\cdot A_2\cdot A_3\cdot\cdots\cdot A_{n-1}\cdot A_n \qquad (1.3.28)$$

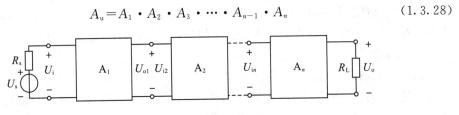

图 1.3.41　多级放大电路框图

在计算每级电压放大倍数时，必须考虑后级对前级的影响，即后级的输入电阻是前级的负载电阻。

2. 输入电阻和输出电阻

多级放大电路的输入电阻，在级间不存在交流负反馈时，就等于第一级的输入电阻 r_{i1}，输出电阻就等于末级的输出电阻 r_{on}。

【例 1.3.6】 计算图 1.3.42 所示的两级阻容耦合放大电路的电压放大倍数、输入电阻和输出电阻。

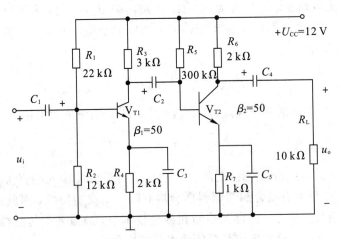

图 1.3.42　两级阻容耦合放大电路

解 （1）计算每级的静态工作点 Q。

由于电容的隔直作用，前后级的静态工作点相互独立，互不影响，可以单独计算。

第一级：

$$U_{BQ1} = \frac{U_{CC}}{R_1 + R_2} \cdot R_2 = \frac{12}{12 + 22} \times 12 = 4 \text{ V}$$

$$I_{EQ1} = \frac{U_{BQ1} - U_{BEQ1}}{R_4} = \frac{4 - 0.7}{2} = 1.65 \text{ mA}$$

$$r_{be1} \approx 300 + (1 + \beta_1)\frac{26 \text{ mV}}{I_{EQ1}} = 300 + (1 + 50)\frac{26 \text{ mV}}{1.65 \text{ mA}} = 1.1 \text{ k}\Omega$$

第二级：

$$I_{BQ2} = \frac{U_{CC} - U_{BEQ2}}{R_7(1 + \beta_2) + R_5} = \frac{12 - 0.7}{1 \times (1 + 50) + 300} = 0.032 \text{ mA}$$

$$I_{EQ2} = \beta_2 I_{BQ2} = 50 \times 0.032 = 1.6 \text{ mA}$$

$$r_{be2} \approx 300 + (1 + \beta_2)\frac{26 \text{ mV}}{I_{EQ2}} = 300 + (1 + 50)\frac{26 \text{ mV}}{1.6 \text{ mA}} \approx 1.13 \text{ k}\Omega$$

（2）计算电压放大倍数 A_u。

第一级：

$$A_{u1} = -\beta_1 \frac{R_3 /\!/ r_{i2}}{r_{be1}} = -50 \times \frac{3 /\!/ 1.13}{1.15} = -37$$

第二级：

$$A_{u2} = -\beta_2 \frac{R_6 /\!/ R_L}{r_{be2}} = -50 \times \frac{2 /\!/ 10}{1.13} = -74$$

因此

$$A_u = A_{u1} \cdot A_{u2} = (-37) \times (-74) = 2738$$

（3）计算输入电阻 r_i 和输出电阻 r_o。

$$r_i = r_{i1} = R_1 /\!/ R_1 /\!/ r_{be1} = 22 /\!/ 12 /\!/ 1.15 = 1 \text{ k}\Omega$$

$$r_o = R_6 = 2 \text{ k}\Omega$$

思考练习题

1. 选择题

（1）测得晶体管三个电极的静态电流分别为 0.06 mA、3.66 mA 和 3.6 mA，则该管的电流放大系数 β 为（　　）。

A. 60　　　　　　　B. 61　　　　　　　C. 0.98　　　　　　　D. 无法确定

（2）只用万用表判别晶体管三个电极，最先判别出的应是（　　）极。

A. e 极　　　　　　　B. b 极　　　　　　　C. c 极

2. 填空题

（1）共集电极放大电路的输入电阻很_____，输出电阻很_____。

（2）放大器的静态工作点由它的_____通路决定，而放大器的增益、输入电阻、输出电阻等由它的_____通路决定。

（3）放大器的放大倍数反映放大器_____能力，输入电阻反映放大器_____能力，而输出电阻则反映出放大器_____能力。

（4）对放大器的分析存在_____和_____两种状态，静态值在特性曲线上所对应的点称为_____。

（5）在单级共射放大电路中，如果输入为正弦波形，用示波器观察 u_o 和 u_i 的波形，则 u_o 和 u_i 的相位关系为_____；当为共集电极电路时，u_o 和 u_i 的相位关系为_____。

（6）在由 NPN 管组成的单管共射放大电路中，当 Q 点_____（太高/太低）时，将产生饱和失真，其输出电压的波形被削掉_____；当 Q 点_____（太高/太低）时，将产生截止失真，其输出电压的波形被削掉_____。

（7）单级共射放大电路产生截止失真的原因是_____，产生饱和失真的原因是_____。

（8）NPN 三极管输出电压的底部失真都是_____失真。

（9）电压跟随器指共_____极电路，其电压的放大倍数为_____。

3. 电路如图 1.3.43 所示，调整电位器 R_w 可以调整电路的静态工作点。试问：

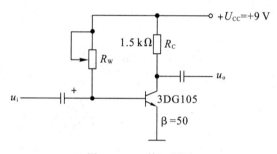

图 1.3.43　第 3 题图

（1）要使 $I_C = 2$ mA，R_W 应为多大？

（2）要使电压 $U_{CE} = 4.5$ V，R_W 应为多大？

4. 电路及元件参数如图 1.3.44 所示，三极管选用 3DG105，$\beta = 50$。

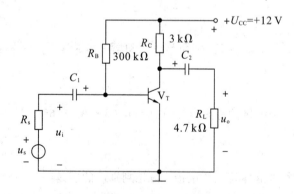

图 1.3.44　第 4 题图

（1）分别计算 R_L 开路和 $R_L = 4.7$ kΩ 时的电压放大倍数 A_u；

（2）如果考虑信号源的内阻 $R_s = 500$ Ω，$R_L = 4.7$ kΩ，求电压放大倍数 A_{us}。

5. 放大电路如图 1.3.45 所示，三极管 $U_{BE} = 0.7$ V，$\beta = 80$。

（1）求静态工作点；

（2）画出微变等效电路；

（3）求电路 A_u、r_i 及 r_o。

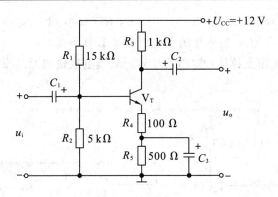

图 1.3.45　第 5 题图

6. 射极输出器电路如图 1.3.46 所示。已知 $R_B=200$ kΩ，$R_E=2$ kΩ，$R_L=4.7$ kΩ，$R_s=1$ kΩ，$\beta=100$，$U_{BE}=0.7$ V，$U_{CC}=12$ V。试求：

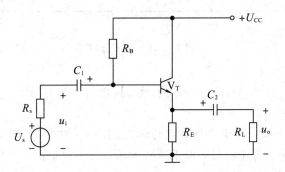

图 1.3.46　第 6 题图

（1）电路静态工作点；

（2）电压放大倍数 A_u；

（3）输入电阻 r_i 和输出电阻 r_o。

7. 用示波器观察图 1.3.47(a)电路中的集电极电压波形时，如果出现图 1.3.47(b)所示的三种情况，试说明各是哪一种失真？应该调整哪些参数以及如何调整才能使这些失真分别得到改善？

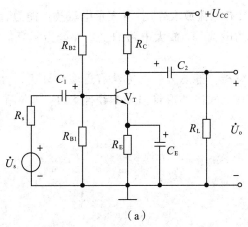

（a）

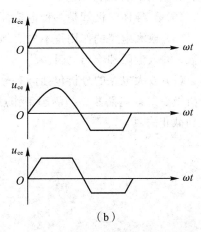

（b）

图 1.3.47　第 7 题图

8. 电路如图 1.3.48 所示。已知 $U_{CC}=12$ V，$R_B=300$ kΩ，$R_{C1}=3$ kΩ，$R_{E1}=0.5$ kΩ，$R_{C2}=1.5$ kΩ，$R_{E2}=1.5$ kΩ，晶体管的电流放大系数 $\beta_1=\beta_2=60$，电路中的电容容量足够大。计算电路的静态工作点数值，输出信号分别从集电极输出及从发射极输出的两级放大电路的电压放大倍数。

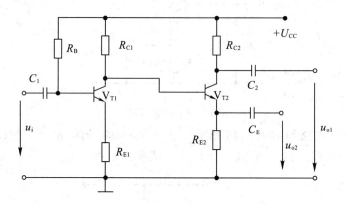

图 1.3.48　第 8 题图

项目 1 小结

（1）半导体是导电能力介于导体和绝缘体之间的一种材料，PN 结是现代半导体器件的基础。PN 结具有单向导电特性，即正偏时导通，反偏时截止。半导体的核心是 PN 结，故半导体二极管具有单向导电特性。

（2）二极管具有单向导电特性，硅二极管的死区电压约为 0.5 V，导通时的正向压降约为 0.7 V；锗二极管的死区电压约为 0.1 V，导通时的正向压降约为 0.3 V。

（3）特殊二极管主要有稳压二极管、发光二极管、光电管和变容二极管等。稳压二极管利用它在反向击穿状态下的恒压特性来构成简单的稳压电路。发光二极管起着将电信号转换为光信号的作用，而光电二极管则是将光信号转换为电信号。

（4）半导体三极管是放大电路的核心元件，分 PNP 型和 NPN 型两大类型，有截止、饱和和放大三种工作状态。

（5）半导体三极管是一种电流控制器件，具有电流放大作用，β 表示电流放大能力。

（6）放大电路的作用是不失真地放大微弱的电信号，放大电路的主要性能指标有放大倍数、输入电阻和输出电阻。

（7）放大电路的分析包括静态分析和动态分析。静态分析的方法有近似估算法、动态分析微变等效电路法。当静态工作点设置不当时，输出波形将出现非线性失真，即饱和失真和截止失真。

项目 2　信号运算和处理电路

【学习目标】

- 熟知集成运算放大器的外形和符号。
- 掌握集成运算放大器虚断、虚短的应用。
- 熟悉集成运算放大器的应用常识。
- 掌握反馈的判别方法。
- 熟悉信号产生电路的构成。

【技能目标】

- 学会分析集成运放电路。
- 会用集成运放的基本运算电路。
- 熟悉集成运放的典型应用电路。
- 能对集成运放的应用进行测试。

【任务 2.1】　直接耦合放大器与差分放大电路

【任务目标】

- 了解直接耦合放大器中的两个特殊问题。
- 理解差分放大电路的组成及特点，清楚抑制零漂的方法。
- 理解共模放大倍数和共模抑制比的概念。

【工作任务】

- 熟知零点漂移的含义及产生的主要原因。
- 掌握使用差分放大电路双端输入、双端输出时差模放大倍数的计算方法。

2.1.1　直接耦合放大器

放大器与信号源、负载以及放大器之间采用导线或电阻直接连接的耦合方式称为直接耦合。如图 2.1.1 所示为两级简单的直接耦合电路，V_{T1} 和 V_{T2} 通过导线直接相连。直接耦合放大器的特点是低频响应好，可以放大频率为零的直流信号或变化缓慢的交流信号，并且因为电路中没有大容量电容，所以易于将全部电路集成在一片硅片上，构成集成放大电路。它的缺点是在实际使用中会遇到两个基本问题，即前后级的电位影响和零点漂移现象。

一、前后级的电位影响

在如图 2.1.1 所示的两级直耦合放大电路里，由于 $U_{C1} = U_{BE2} = 0.7$ V，使 V_{T1} 工作在

接近于饱和的状态,限制了输出的动态范围。因此,要想使直接耦合放大器能正常工作,必须解决前后级直流电位的影响。

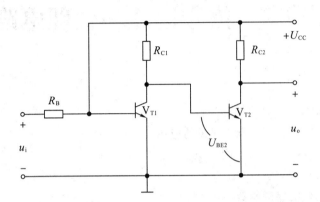

图 2.1.1　简单的直接耦合电路

常常使用的方法是在 V_{T2} 的发射极接一个电阻 R_{E2},如图 2.1.2(a)所示,这样 $U_{C1}=U_{BE2}+I_{E2}R_{E2}>U_{BE2}=0.7$ V,增大了 V_{T1} 管的工作范围。调节 R_{E2} 值,可使前后级静态直流电位设置合理。在实际使用中,为了减小 R_{E2} 对放大倍数的影响,常采用稳压管或二极管取代电阻 R_{E2},如图 2.1.2(b)所示。

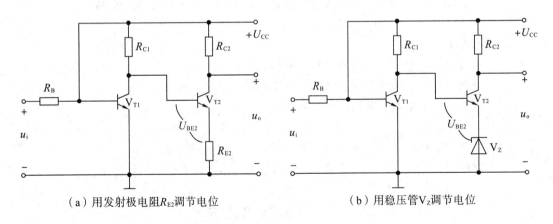

（a）用发射极电阻R_{E2}调节电位　　　　　　　（b）用稳压管V_z调节电位

图 2.1.2　改进的直接耦合电路

二、零点漂移现象

1. 零点漂移

所谓零点漂移,是指把放大电路在输入端短路(即 $u_i=0$),输出端会有变化缓慢的输出电压产生,简称零漂,如图 2.1.3 所示。如果有用信号较弱,那么在存在零点漂移现象的直接耦合放大电路中,漂移电压和有效信号电压会混杂在一起被逐级放大,当漂移电压大小可以和有效信号电压相当时,就很难分辨出有效信号的电压;在漂移现象严重的情况下，往往会使有效信号"淹没"，使放大电路不能正常工作。因此，有必要找出产生零漂的原因和抑制零漂的方法。

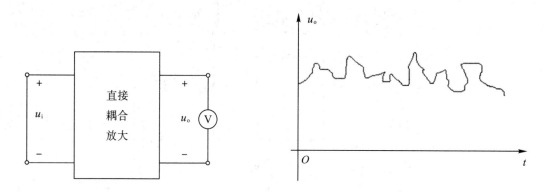

图 2.1.3　零点漂移现象

2. 产生零点漂移的原因

产生零点漂移的原因很多，主要有三个方面：一是电源电压的波动；二是电路元器件的老化；三是半导体器件随温度变化而产生变化。实践证明，温度变化是产生零点漂移的主要原因，也是最难克服的因素，这是由于半导体器件的导电性对温度非常敏感，而温度又很难维持恒定造成的，所以往往把零点漂移也称为"温漂"。当环境温度变化时，将引起晶体管参数 U_{BE}、β、I_{CBO} 的变化，从而使放大电路的 Q 点发生变化；而且由于级间耦合采用直接耦合方式，这种变化将逐级放大和传递，最后导致输出端的电压发生漂移。直接耦合放大电路的级数愈多，放大倍数愈大，则零点漂移愈严重。

3. 抑制零点漂移的措施

抑制零点漂移常用的措施有以下几种：第一，引入直流负反馈以稳定 Q 点来减小零点漂移；第二，利用热敏元件补偿放大管的零漂；第三，将两个参数对称的单管放大电路接成差分放大电路结构形式，使输出端的零点漂移互相抵消。在直接耦合放大电路中，差分放大电路是最有效地抑制零点漂移的方法。

2.1.2　差分放大电路

一、电路组成

差分放大电路又叫差动电路，它不仅能有效地放大直流信号，而且还能有效地减小由于电源波动和晶体管随温度变化而引起的零点漂移，因而获得广泛的应用，特别是大量地应用于集成运放电路，其常被用作多级放大器的前置级。

基本差动式放大器如图 2.1.4 所示。图中 V_{T1}、V_{T2} 是特性相同的晶体管，电路对称，参数也对称。如：$U_{BE1}=U_{BE2}$，$R_{i1}=R_{i2}=R$，$R_{C1}=R_{C2}=R_C$，$R_{B1}=R_{B2}=R_B$，$\beta_1=\beta_2=\beta$。输入电压 u_i 经 R_{i1}、R_{i2} 分压为相等的 u_{i1} 和 u_{i2}，分别加到两管的基极（双端输入），输出电压等于两管输出电压之差，即 $u_o=u_{o1}-u_{o2}$（双端输出）。

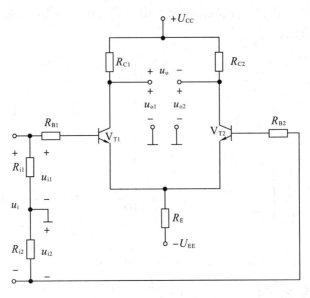

图 2.1.4　基本差动式放大器

二、抑制温漂原理

因左右两个放大电路完全对称，所以在没有信号情况下，即输入信号 $u_i=0$ 时，$u_{o1}=u_{o2}$，因此输出电压 $u_o=0$，即表明差分放大器具有零输入时零输出的特点。当温度变化时，左右两个管子的输出电压 u_{o1}、u_{o2} 都要发生变动，但由于电路对称，两管的输出变化量（即每管的零漂）相同，即 $\Delta u_{o1}=\Delta u_{o2}$，则 $u_o=0$，可见利用两管的零漂在输出端相抵消，从而有效地抑制了零点漂移。电路中 R_E 的主要作用是稳定电路的静态工作点，从而限制每个管子的漂移范围，进一步减小零点漂移。

三、放大倍数

1. 差模放大倍数 A_d

差模信号是指大小相等、极性相反的两个信号。将差模信号加入到两个输入端的方式称差模输入。如图 2.1.4 所示，信号源 u_i 经电阻 R_{i1} 和 R_{i2} 分压，分别在三极管 V_{T1} 和 V_{T2} 的基极加上了信号 u_{i1} 和 u_{i2}，且有 $u_{i1}=-u_{i2}=u_i/2$，也就是 $u_i=u_{i1}-u_{i2}=2u_{i1}=-2u_{i2}$。经三极管 V_{T1} 和 V_{T2} 的放大，在输出端分别得到输出信号 u_{o1} 和 u_{o2}，且有 $u_{o1}=-u_{o2}$，则电路的总输出信号 $u_o=u_{o1}-u_{o2}=2u_{o1}=-2u_{o2}$，由此可得到差模放大倍数 A_d 为

$$A_d=\frac{u_o}{u_i}=\frac{u_{o1}}{2u_{i1}}=\frac{-2u_{o2}}{-2u_{i2}}=A_{u1}=A_{u2} \tag{2.1.1}$$

由此可见，双端输入、双端输出差放电路的差模放大倍数等于单管放大器的放大倍数。

2. 共模放大倍数 A_c

共模信号是指大小相等、极性相同的两个信号。将共模信号加入到两个输入端的方式称共模输入。如图 2.1.5 所示，信号源 u_i 直接加载在三极管 V_{T1} 和 V_{T2} 的基极上，则有 $u_{i1}=-u_{i2}=u_i$，经三极管 V_{T1} 和 V_{T2} 的放大，在输出端分别得到输出信号 u_{o1} 和 u_{o2}，且有 $u_{o1}=u_{o2}$，则电路的总输出信号 $u_o=u_{o1}-u_{o2}=0$，由此可得到共模放大倍数 A_c 为

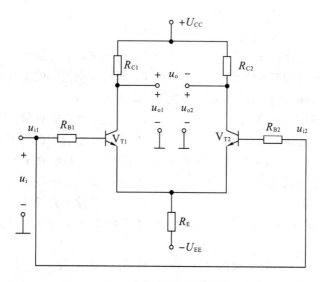

图 2.1.5　共模放大电路

$$A_c = \frac{u_o}{u_i} = 0 \tag{2.1.2}$$

由此可见，共模输入、双端输出差放电路的共模放大倍数等于零，即对共模信号进行了抑制。

四、共模抑制比 K_{CMR}

为了综合评价差动放大电路对共模信号的抑制能力和对差模信号的放大能力，特别引入一个叫做共模抑制比（common-mode rejection ratio）的技术指标，记为 K_{CMR}。所谓共模抑制，是指差模电压放大倍数 A_d 与共模电压放大倍数 A_c 之比的绝对值，即

$$K_{CMR} = \frac{|A_d|}{|A_c|} \tag{2.1.3}$$

共模抑制比 K_{CMR} 越大，表明电路抑制共模信号的性能越好，抑制温漂的能力越强。

【例 2.1.1】　在图 2.1.5 中，设单管放大器的放大倍数 $A_{u1} = A_{u2} = -40$。

(1) 求差分放大器的差模放大倍数 A_d；

(2) 若已知差分放大器的共模放大倍数 $A_c = 0.04$，求共模抑制比 K_{CMR}。

解　(1) 由式(2.1.1)可得

$$A_d = A_{u1} = A_{u2} = -40$$

(2) 由式(2.1.3)可得

$$K_{CMR} = \left| \frac{A_d}{A_c} \right| = \left| \frac{-40}{0.04} \right| = 1000$$

思考练习题

1. 选择题

(1) 直接耦合放大器采用的级间耦合形式是(　　)。

A. 阻容耦合　　　　B. 直接耦合　　　　C. 变压器耦合　　　　D. 以上都不是

(2) 直接耦合放大器的功能是（　　　）

A. 只能放大直流信号　　　　　　　　B. 只能放大交流信号

C. 直流和交流信号都能放大　　　　　D. 所有频率范围内信号都能放大

(3) 差分放大器抑制零点漂移的效果主要取决于（　　　）。

A. 两个三极管的放大倍数　　　　　　B. 两个三极管的对称程度

C. 每个三极管的穿透电流大小　　　　D. 两个三极管的静态工作点

(4) 差分放大器比一般单级放大器多使用一倍的元件，目的在于（　　　）。

A. 提高电压放大倍数　　　　　　　　B. 使电路放大信号时失真度减小

C. 抑制零点漂移　　　　　　　　　　D. 完全消除零点漂移

(5) 差分放大器有差模放大倍数 A_d 和共模放大倍数 A_c，性能好的差分放大器应该是（　　　）。

A. A_d 等于 A_c　　　B. A_d 大而 A_c 小　　　C. A_d 小而 A_c 大　　　D. 两者相差小

(6) 多级直接耦合放大器的级间耦合元件是（　　　）。

A. 导线　　　　　　B. 电阻　　　　　　C. 稳压二极管　　　　D. 电容

(7) 直接耦合放大电路存在零点漂移的原因是（　　　）。

A. 电阻阻值有误差　　　　　　　　　B. 晶体管参数的分散性

C. 晶体管参数受温度影响　　　　　　D. 电源电压不稳定

2. 判断题

(1) 直耦放大器只能放大直流信号，不能放大交流信号。（　　　）

(2) 差分放大电路中射极共用电阻 R_E 用于引入差模负反馈。（　　　）

(3) 运放的输入级往往采用差分放大电路，其主要目的是为了提高放大倍数。（　　　）

(4) 差分放大器使电路尽可能对称，可完全消除零漂。（　　　）

(5) 所谓共模输入信号是指加在差分放大器的两个输入端的电压之和。（　　　）

【任务2.2】 集成运放的种类、选择和使用

【任务目标】

· 熟悉集成电路的概念。

· 熟知集成运放的组成和符号。

· 了解集成运放的参数及其分类和使用。

【工作任务】

· 学会正确识别集成运放的管脚。

· 熟悉集成运放的使用注意事项。

2.2.1 集成运算放大器概述

运算放大器是一个多级的直接耦合的高增益的放大电路，因为最早应用于数值的运算，所以称为运算放大器。所谓集成运算放大器，是指利用集成工艺，将构成运算放大器

的元器件(半导体、电阻、电容等)以及电路的连接导线都集成在同一块半导体硅片上,并封装成一个整体的电子器件,简称为集成运放。随着集成技术的发展,目前集成运放的应用早已远远超越了数值运算的范围,广泛应用于信号处理、自动控制、电子测量等领域。

一、集成电路简介

集成电路即 Integrated Circuit,英文缩写为 IC,它是将半导体、电阻、小电容以及电路的连接导线都集成在一块半导体硅片上,形成一个具有一定功能的电子电路,并封装成一个整体的电子器件。IC 的特点是:体积小,重量轻,寿命长,可靠性高,性能好,成本低,便于大规模生产。常见的集成电路如图 2.2.1 所示。

图 2.2.1　常见的集成电路

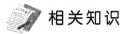 相关知识

集成运放的分类

(1) 按功能、结构可分为模拟集成电路、数字集成电路。模拟集成电路又称线性电路,用来产生、放大和处理各种模拟信号(指幅度随时间连续变化的信号,例如半导体收音机的音频信号、录放机的磁带信号等),其输入信号和输出信号成比例关系。而数字集成电路用来产生、放大和处理各种数字信号(指在时间上和幅度上离散取值的信号,例如 VCD、DVD 重放的音频信号和视频信号等)。

(2) 按集成度高低可分为小规模(SSI)、中规模(MSI)、大规模(LSI)及超大规模(VLSI)集成电路。如数字 IC 的 MSI 中有 10～100 个等效门,模拟 IC 的 MSI 含有 50～100 个元器件。

(3) 按导电类型可分为双极型和单极型集成电路。双极型集成电路的制作工艺复杂,功耗较大,代表集成电路有 TTL、ECL、HTL、LSTTL、STTL 等类型。单极型集成电路的制作工艺简单,功耗也较低,易于制成大规模集成电路,代表集成电路有 CMOS、NMOS、PMOS 等类型。

(4) 按用途可分为电视机用集成电路、音响用集成电路、影碟机用集成电路、录像机用集成电路、电脑(微机)用集成电路、电子琴用集成电路、通信用集成电路、照相机用集成电路、遥控集成电路、语言集成电路、报警器用集成电路及各种专用集成电路等。

二、集成电路的管脚识别

不论是哪种集成电路,其外壳封装上都有供识别管脚排序定位(或称第一脚)的标记,如图 2.2.2 所示。

图 2.2.2　集成电路的管脚标记

对于一般的 SIP（单列直插式）、DIP（双列直插式）集成电路管脚的识别方式是：将 IC 正面的字母、型号对着自己，使定位标记朝左下方，则处于最左下方的管脚是第 1 脚，再按逆时针方向依次数管脚，便是第 2 脚、第 3 脚等。

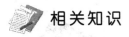 **相关知识**

集成运放的组成

集成运放一般由四部分组成，包括输入级、中间级、输出级和偏置电路，如图 2.2.3 所示。

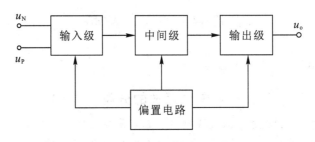

图 2.2.3　集成运放组成框图

（1）输入级常用双端输入的差动放大电路组成，一般要求输入电阻高、差模放大倍数大、抑制共模信号的能力强、静态电流小，输入级的好坏直接影响运放的输入电阻、共模抑制比等参数。

（2）中间级是一个高放大倍数的放大器，常用多级共发射极放大电路组成，该级的放大倍数可达数千乃至数万倍。

（3）输出级具有输出电压线性范围宽、输出电阻小的特点，常用互补对称输出电路。

（4）偏置电路向各级提供静态工作点，一般采用电流源电路组成。

三、集成运放的符号

从集成运放的结构可知，运放具有两个输入端 u_P、u_N 和一个输出端 u_o，这两个输入端一个称为同相端 u_P，用符号"＋"表示；另一个称为反相端 u_N，用符号"－"表示。这里同相和反相只是输入电压和输出电压之间的相位关系。若输入电压从同相端 u_P 输入，则输出端 u_o 输出与同相端 u_P 同相位的输出电压；若输入电压从反相端 u_N 输入，则输出端 u_o 输出与反相端 u_N 反相位的输出电压。集成运放的常用符号如图 2.2.4 所示，其中，三角形代表放大器，三角形的箭头代表信号传输的方向；"＋"代表同相输入端"P"，"－"代表反相输入端"N"。

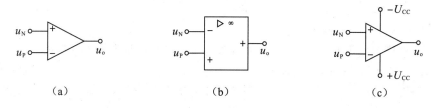

图 2.2.4　集成运放符号

图 2.2.4(a)是集成运放的国际符号；图 2.2.4(b)是集成运放的国标符号，或理想集成运放符号，其中"∞"表示理想运放的开环放大倍数为无穷大；图 2.2.4(c)是带有电源引脚的集成运放国际符号。

从集成运放的符号看，可以把它看做是一个双端输入、单端输出、具有高差模放大倍数、高输入电阻、低输出电阻、具有抑制温度漂移能力的放大电路。

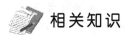 **相关知识**

集成运放的主要参数

集成运放的参数较多，其主要参数分为直流参数和交流参数。为了合理地选择和正确使用运放，有必要了解各个主要参数的含义。

集成运放的直流参数如下：

(1) 输入失调电压 U_{IO}。

输入失调电压 U_{IO} 定义为当集成运放输出端电压为零时，两个输入端之间所加的补偿电压。输入失调电压表征电路输入部分不对称的程度，运放的对称性能越好，U_{IO} 越小。输入失调电压与制造工艺有一定关系，一般为毫伏级。

(2) 输入失调电压的温漂 TCV_{OS}。

输入失调电压的温漂又叫温度系数，是指在给定的温度范围内，输入失调电压的变化与温度变化的比值。一般运放的输入失调电压温漂在 $\pm 10 \sim 20\ \mu V/℃$ 之间。

(3) 输入失调电流 I_{IO}。

输入失调电流 I_{IO} 定义为当运放的输出直流电压为零时，其两输入端偏置电流的差值。运放的对称性能越好，I_{IO} 越小。输入失调电流越小，直流放大时中间零点偏移越小，越容易处理。

(4) 输入失调电流的温漂 TCI_{OS}。

输入失调电流的温漂是指在给定的温度范围内，输入失调电流的变化与温度变化的比值。

(5) 输入偏置电流 I_{IB}。

输入偏置电流 I_{IB} 定义为当运放的输出直流电压为零时，其两输入端的偏置电流平均值。一般为微安数量级，I_{IB} 越小越好。

(6) 开环电压放大倍数 A_{uo}。

开环电压放大倍数定义为在电路开环情况下，输出电压与输入差模电压之比。由于大多数运放的差模开环直流电压放大倍数一般在数万倍或更多，用数值直接表示时不方便比较，所以一般采用分贝方式记录和比较。一般运放的开环直流电压增益在 $80 \sim 120\ dB$ 之间。

(7) 最大共模输入电压 U_{icmax}。

最大共模输入电压 U_{icmax} 定义为当运放工作于线性区时，在运放的共模抑制比特性显著变坏时的共模输入电压。

(8) 最大差模输入电压 U_{idmax}。

最大差模输入电压 U_{idmax} 定义为运放两输入端允许加的最大输入电压差。

(9) 共模抑制比 K_{CMR}。

共模抑制比 K_{CMR} 定义为在电路开环情况下，差模放大倍数 A_d 与共模放大倍数 A_c 之比。K_{CMR} 越大，运放性能越好，其值一般在 80 dB 以上。

(10) 输出峰峰值电压 U_{opp}。

输出峰峰值电压定义 U_{opp} 为当运放工作于线性区时，在指定的负载下，运放在当前大电源电压供电时，运放能够输出的最大电压幅度。需要注意的是，运放的输出峰峰值电压与负载有关，负载不同，输出峰峰值电压也不同。

集成运放的交流参数如下：

(1) 开环带宽。

开环带宽定义为，将一个恒幅正弦小信号输入到运放的输入端，从运放的输出端测得的开环电压增益从运放的直流增益下降 3 dB(或是相当于运放的直流增益的 0.707)所对应的信号频率。

(2) 转换速率 SR。

转换速率 SR 定义为在运放接成闭环的条件下，将一个大信号(含阶跃信号)输入到运放的输入端，从运放输出端测得的运放的输出上升速率，表示运放能跟踪输入信号变化快慢的程度，单位是 V/μs。

(3) 开环输入阻抗 r_i。

开环输入阻抗 r_i 是指在电路开环情况下，差模输入电压与输入电流之比。r_i 越大，运放性能越好，r_i 一般在几百千欧至几兆欧。

(4) 开环输出阻抗 r_o。

开环输出阻抗 r_o 是指在电路开环情况下，输出电压与输出电流之比。r_o 越小，运放性能越好，r_o 一般在几百欧左右。

(5) 建立时间。

建立时间定义为在额定的负载时，运放的闭环增益为 1 倍条件下，将一个阶跃大信号输入到运放的输入端，使运放输出由 0 增加到某一给定值所需要的时间。

2.2.2　集成运放的种类

一、按照制造工艺分类

按照制造工艺，集成运放分为双极型、COMS 型和 BiFET 型(混合型)三种，其中双极型运放功能强、种类多，但是功耗大；CMOS 型运放输入阻抗高、功耗小，可以在低电源电压下工作；BiFET 型是双极型和 CMOS 型的混合产品，具有双极型和 CMOS 运放的优点。

二、按照工作原理分类

(1) 电压放大型：输入是电压，输出回路等效成由输入电压控制的电压源。例如，

F007、LM324 和 MC14573 就属于这类产品。

(2) 电流放大型：输入是电流，输出回路等效成由输入电流控制的电流源。例如 LM3900 就是这样的产品。

(3) 跨导型：输入是电压，输出回路等效成输入电压控制的电流源。例如 LM3080 就是这样的产品。

(4) 互阻型：输入是电流，输出回路等效成输入电流控制的电压源。例如 AD8009 就是这样的产品。

三、按照性能指标分类

(1) 高输入阻抗型：对于这种类型的运放，要求开环差模输入电阻不小于 1 MΩ，输入失调电压不大于 10 mV。这类运放主要用于模拟调解器、采样保持电路和有源滤波器中。如国产型号 F3030，输入采用 MOS 管，输入电阻高达 1012 Ω，输入偏置电流仅为 5 pA。

(2) 低漂移型：这种类型的运放主要用于毫伏级或更低的微弱信号的精密检测、精密模拟计算以及自动控制仪表中。对这类运放的要求是：输入失调电压温漂＜2 μV/℃，输入失调电流温漂＜200 pA/℃，$A_{uo} \geq 120$ dB，$K_{CMR} \geq 110$ dB。

(3) 高速型：对于这类运放，要求转换速率 SR＞30 V/μs，单位增益带宽＞10 MHz。高速运放用于快速 A/D 和 D/A 转换器、高速采样-保持电路、锁相环精密比较器和视频放大器中。国产型号有 F715、F722、F3554 等，F715 的 SR＝70 V/μs，单位增益带宽为 65 MHz。国外的 μA - 207 型，SR＝500 V/μs，单位增益带宽为 1 GHz。

(4) 低功耗型：对于这种类型的运放，要求在电源电压为±15 V 时，最大功耗不大于 6 mW；或要求工作在低电源电压时，具有低的静态功耗并保持良好的电气性能。目前国产型号有 F253、F012、FC54、XFC75 等。其中，F012 的电源电压可低到 1.5 V，$A_{uo}＝110$ dB，国外产品的功耗可达到 μW 级，如 ICL7600 在电源电压为 1.5 V 时，功耗为 10 μW。低功耗的运放一般用于对能源有严格限制的遥测、遥感、生物医学和空间技术设备中。

(5) 高压型：为得到高的输出电压或大的输出功率，在电路设计和制作上需要解决三极管的耐压、动态工作范围等问题，目前，国产型号有 F1536、F143 和 BG315。其中，BG315 的电源电压为 48～72 V，最大输出电压大于 40～46 V。

2.2.3 集成运放的选择和使用

选择集成运放时，尽量选择通用运放，而且是市场上销售最多的品种，只有这样才能降低成本，保证货源。只要满足要求，就不选择特殊运放。

使用集成运放时，首先要会辨认封装方式，目前常用的封装是双列直插型和扁平型；学会辨认管脚，不同公司的产品管脚排列是不同的，需要查阅手册，确认各个管脚的功能；一定要清楚运放的电源电压、输入电阻、输出电阻、输出电流等参数；集成运放单电源使用时，要注意输入端是否需要增加直流偏置，以便能放大正负两个方向的输入信号；设计集成运放电路时，应该考虑是否增加调零电路、输入保护电路、输出保护电路等。

—————————— 思考练习题 ——————————

1. 选择题

(1) 集成运放的输入失调电流是（　　）。

A. 两个输入端信号电流之差　　　　　　B. 两个输入端电流的平均值

C. 两个电流为零时的输出电流　　　　　D. 两个输入端静态电流之差

(2) 某差分放大电路，输入电压 $u_{i1} = 160$ mV，$u_{i2} = 240$ mV，则其差模输入信号为（　　），共模输入信号为（　　）。

A. 20 mV　　　　　B. 40 mV　　　　　C. 50 mV　　　　　D. 100 mV

(3) 集成放大电路采用直接耦合方式的原因是（　　）。

A. 便于设计　　　　B. 放大交流信号　　　C. 不易制作大容量电容

2. 填空题

(1) 集成运放一般由 4 部分组成，包括_____、_____、_____和_____。

(2) 集成电路按集成度高低可分为_____、_____、_____和_____；按导电类型可分为_____和_____两类。

3. 判断题

(1) 为避免集成运放损坏，在实际应用时要外接保护电路。（　　）

(2) 运放符号中的"＋"代表同相输入端"P"，"－"代表反相输入端"N"。（　　）

(3) IC 的特点是：体积小，重量轻，寿命短，可靠性高，性能好，成本高，便于大规模生产。（　　）

【任务2.3】　集成运放的应用

【任务目标】

- 熟悉集成运算放大器的性能指标。
- 掌握虚断、虚短的含义。
- 熟悉集成运算放大器的理想化特性。
- 掌握比例运算、求和运算、减法运算的电路构成和工作原理。

【工作任务】

- 区分线性区和非线性区。
- 用集成运放搭建基本运算放大器。
- 分析集成运放组成基本电路。

2.3.1　集成运放应用基础

目前集成运放的应用几乎渗透到电子技术的各个领域，除了完成对信号的加、减、乘、除外，还广泛应用于信号处理、自动控制、电子测量等领域。在电子电路中，我们常常把集成运放作为一个独立的器件来对待，它已成为电子电路中的基本功能单元电路。由于集成运放主要工作在频率不高的场合下，故集成运放的低频等效电路如图 2.3.1 所示。

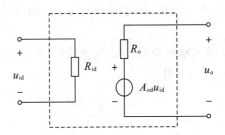

图 2.3.1　集成运放的低频等效电路

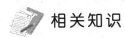 **相关知识**

理想集成运放的性能指标

由于集成运放具有开环差模电压增益高、输入阻抗高、输出阻抗低及共模抑制比高等特点，实际中为了分析方便，常将它的各项指标理想化。理想集成运放的各项性能指标如下：

（1）开环电压增益 $A_{od} \approx \infty$；

（2）差模输入电阻 $R_{id} \approx \infty$；

（3）输出电阻 $R_{od} \approx 0$；

（4）共模抑制比 $K_{CMR} \approx \infty$；

（5）开环带宽 $f_H \approx \infty$；

（6）输入端的偏置电流 $I_{BN} = I_{BP} = 0$；

（7）干扰和噪声均不存在。

实际的集成运算放大器虽然不可能达到上面理想化的技术指标，但是，由于集成运算放大器的工艺不断发展，集成运放产品的性能指标越来越趋于理想化，所以，在分析估算集成运算放大器的应用电路时，将实际运放看成是理想集成运放所造成的误差，在工程上是允许的。在后面的分析中，若未作特别说明，均将集成运放视为理想集成运放来考虑。

一、集成运放的线性应用

集成运放的电压传输特性如图 2.3.2 所示，它表示了输出电压与输入电压之间的关系。从传输特性可以看出，集成运放的工作范围分为线性区和非线性区。

当工作在线性区时，集成运放的输出电压 u_o 与两个输入电压端的电压差 $u_P - u_N$ 呈线性关系，即

$$u_o = A_{od}(u_P - u_N) \qquad (2.3.1)$$

式中，A_{od} 是集成运放的开环差模电压放大倍数，也就是图 2.3.2 所示的线性区直线的斜率。由于集成运放的开环差模电压放大倍数 A_{od} 很大，即使输入毫

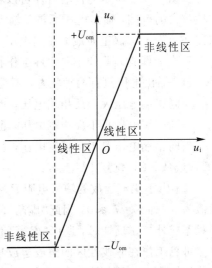

图 2.3.2　集成运放的电压传输特性

伏级以下的信号，也足以使输出电压饱和，从而无法实现线性放大。所以，要使集成运放工作在线性区，通常要引入深度电压负反馈，这是运放线性应用时电路结构的共同特点。

1. 虚短

在集成运放的线性区，输入输出电压的关系如式(2.3.1)所示，又由集成运放的性能指标知道 $A_{od} \approx \infty$，由式(2.3.1)可得

$$u_P - u_N = \frac{u_o}{A_{od}} \approx 0$$

即

$$u_P = u_N \qquad\qquad (2.3.2)$$

上式表明集成运放同相输入端和反相输入端两处的电压相等，就如同这两处之间短路一样。但很明显这两处并没有真正的短路，故将其称为"虚假短路"，简称为"虚短"。

实际集成运放的 A_{od} 不为 ∞，因此 u_P 和 u_N 不可能完全相等，但是当 A_{od} 足够大时，$u_P - u_N$ 的值会非常的小，与电路中的其他电压相比，可以忽略不计。例如当 $u_o = 1\ V$ 时，若 $A_{od} = 10^6$，则 $u_P - u_N = 0.1\ mV$；若 $A_{od} = 10^8$，则 $u_P - u_N = 0.1\ \mu V$，可见在 u_o 为定值时，A_{od} 越大，$u_P - u_N$ 的值越小，也就是 $u_P - u_N$ 越接近于 0，故可视为"虚短"。

2. 虚断

由于运算放大器的输入电阻 $R_{id} \approx \infty$，且 $u_P - u_N \approx 0$，故可认为两个输入端的输入电流为零，即

$$i_P = i_N = 0 \qquad\qquad (2.3.3)$$

此时，集成运放的同相输入端和反相输入端的电流都等于零，两个输入端如同断开一样，但实际上并未真正断路，故将其称为"虚假断路"，简称为"虚断"。

"虚短"和"虚断"在集成运放各种线性应用电路中是两个非常重要的结论，可以大大简化分析计算过程，必须牢固掌握并能熟练应用。

二、集成运放的非线性应用

从图 2.3.2 所示的传输特性可以看出，在非线性工作区，集成运放的输入信号超出了线性放大的范围，输出电压不再随输入电压线性变化，而将处于饱和状态，输出电压为正向饱和压降 $+U_{om}$（正向最大输出电压）或负向饱和压降 $-U_{om}$（负向最大输出电压）。

集成运算放大器处于非线性工作状态时，有两个重要的特点：

(1) 输出电压只有两种状态，不是正向饱和电压 $+U_{om}$，就是负向饱和电压 $-U_{om}$，即

当同相端电压大于反相端电压，也就是 $u_P > u_N$ 时，$u_o = +U_{om}$；

当同相端电压小于反相端电压，也就是 $u_P < u_N$ 时，$u_o = -U_{om}$；

当同相端电压等于反相端电压，也就是 $u_P = u_N$ 时，输出电压发生跳转，从 $+U_{om}$ 跳到 $-U_{om}$ 或从 $-U_{om}$ 跳到 $+U_{om}$。

(2) 由于集成运放的输入电阻 $R_{id} \approx \infty$，工作在非线性区的集成运放的净输入电流仍然近似为 0，即 $i_P = i_N \approx 0$，因此"虚断"的概念仍然成立。而在非线性区，集成运放工作在开环状态或外接正反馈时，所以"虚短"不再适用。

可见工作在非线性区的集成运放只有两种输出状态：$+U_{om}$ 或 $-U_{om}$，分别将这两种状态称为输出高电平与输出低电平。

2.3.2　基本运算电路

由集成运放的传输特性可以看出,其线性范围很窄,且集成运算放大器的开环放大倍数很大,所以为了让其能在比较大的输入电压范围内工作在线性区,常常引入深度负反馈以降低运放的放大倍数。集成运算放大器工作在线性区时,可组成信号运算电路,常见的有比例运算电路、和差电路、微分和积分运算电路等。

一、比例运算电路

比例运算电路的输出电压和输入电压之间存在着一定的比例关系,常见的比例运算电路包括同相比例运算电路和反相比例运算电路,它们是最基本的运算电路,也是组成其他各种运算电路的基础。

1. 反相比例运算电路

反相比例运算电路又叫反相放大器,其电路如图 2.3.3 所示。图中输入信号 u_i 经电阻 R_1 加到运放的反相输入端,而同相输入端通过电阻 R_2 接地。反馈电阻 R_F 跨接在输出端和反相输入端之间,形成了深度电压并联负反馈。

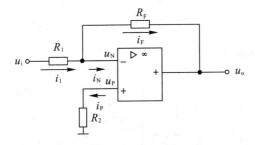

图 2.3.3　反相比例运算电路

集成运放的同相输入端和反相输入端在实际电路中是差分对管的基极,为了使差分对管的参数保持对称,避免运放输入偏置电流在两输入端之间产生附加差动输入电压,要求两输入端对地电阻相等,通常选择电阻 R_2 的阻值为

$$R_2 = R_1 /\!/ R_F \tag{2.3.4}$$

所以把电阻 R_2 称为平衡电阻。

由图 2.3.3 可知,在同相输入端 u_P,由于输入电流 $i_P = 0$,故 R_2 上压降也为零,即 $u_P = i_P R_2 = 0$,又由式(2.3.2),即"虚短",可得到

$$u_N = u_P = 0 \tag{2.3.5}$$

由上式可以看出,集成运放的反相端的电位也为零,相当于接地,但事实上并非真正接地,我们称它为"虚假接地",简称"虚地"。"虚地"是"虚短"的特例,是反相输入的运放线性应用电路的共同特点。

由式(2.3.3),即"虚断",可得 $i_P = i_N = 0$,则有

$$i_1 = i_F = 0 \tag{2.3.6}$$

又

$$i_1 = \frac{u_i - u_N}{R_1} \approx \frac{u_i}{R_1}, \qquad i_F = \frac{u_N - u_o}{R_F} \approx -\frac{u_o}{R_F}$$

由此得出

$$u_o = -\frac{R_F}{R_1} u_i \tag{2.3.7}$$

上式表明，输出电压与输入电压呈比例关系，其比例系数是 $-R_F/R_1$，式中的负号表示输出电压与输入电压反相位。

作为一个放大器，该电路的闭环电压放大倍数、输入电阻和输出电阻分别为

$$A_{uf} = \frac{u_o}{u_i} = -\frac{R_F}{R_1} \tag{2.3.8}$$

$$R_{if} = \frac{u_i}{i_1} = R_1 \tag{2.3.9}$$

$$R_{of} = \infty \tag{2.3.10}$$

当反馈电阻等于输入电阻时，有 $A_{uf} = -\dfrac{R_F}{R_1} = -1$，即有 $u_o = -u_i$，将此电路称为反相器，如图 2.3.4 所示。该电路的特点是：

（1）该电路是一个深度的电压并联负反馈电路，输出电阻小，近似为零，因此带负载能力强。

（2）在理想情况下，反相输入端为"虚地"。这是反相输入运放的共同特点。

（3）电压放大倍数 $A_{uf} = -\dfrac{R_F}{R_1}$，即输出电压与输入电压成正比，但相位相反。也就是说，电路实现了反相比例运算。

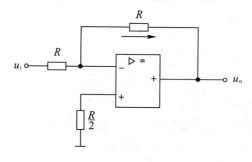

图 2.3.4　反相器

2. 同相比例运算电路

同相比例运算电路如图 2.3.5 所示，图中输入信号 u_i 经电阻 R_2 加到运放的同相输入

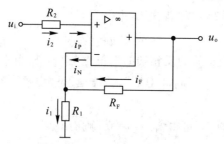

图 2.3.5　同相比例运算电路

端，而反相输入端通过电阻 R_1 接地。反馈电阻 R_F 跨接在输出端和反相输入端之间，形成了深度电压串联负反馈。

其中 R_2 仍是平衡电阻，也就是有 $R_2 = R_1 /\!/ R_F$。

根据集成运放工作在线性区时"虚短"和"虚断"的特点，由图 2.3.5 可得

$$u_N = u_P = u_i \qquad\qquad (2.3.11)$$

$$i_1 = i_F \qquad\qquad (2.3.12)$$

又由基尔霍夫电流定律可知

$$i_1 = \frac{u_N}{R_1} \qquad\qquad (2.3.13)$$

$$i_F = \frac{u_o - u_N}{R_F} \qquad\qquad (2.3.14)$$

联立式(2.3.11)～式(2.3.14)可得

$$u_o = \left(1 + \frac{R_F}{R_1}\right) u_i \qquad\qquad (2.3.15)$$

上式表明，输出电压与输入电压呈比例关系，其比例系数是 $1 + \dfrac{R_F}{R_1}$，且输出电压与输入电压同相位。

该电路的闭环电压放大倍数、输入电阻和输出电阻分别为

$$A_{uf} = \frac{u_o}{u_i} = 1 + \frac{R_F}{R_1} \qquad\qquad (2.3.16)$$

$$R_{if} \approx \infty \qquad\qquad (2.3.17)$$

$$R_{of} = 0 \qquad\qquad (2.3.18)$$

综上所述，同相比例运算电路具有如下特点：

（1）同相比例运算电路是一个深度的电压串联负反馈电路。

（2）因为 $u_N = u_P = u_i$，所以不存在"虚地"现象。

（3）电压放大倍数 $A_{uf} = 1 + \dfrac{R_F}{R_1}$，即输出电压与输入电压成正比，且二者相位相同。实现了同相比例运算。

（4）当 $R_F = 0$ 或 $R_1 = \infty$ 时，有 $A_{uf} = 1$，即 $u_o = u_i$，我们把它称为电压跟随器，电路如图 2.3.6 所示。

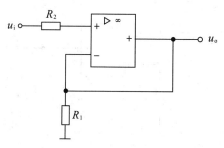

图 2.3.6　电压跟随器

技能训练——反相比例运算电路仿真测试

反相比例运算电路仿真测试如图2.3.7所示。

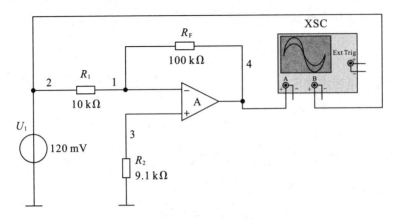

图 2.3.7 反相比例运算电路仿真测试

测试步骤如下：

(1) 按照图 2.3.7 所示搭建好仿真电路。

(2) 打开仿真开关，用示波器观测输入、输出波形，并估算电压放大倍数。

测试结果：输出电压与输入电压相位_____（反相/同相）；电压放大倍数_____（与 R_F 和 R_1 无关/取决于 R_F 和 R_1），并且等于_____。

二、和差电路

1. 加法运算电路

输出电压与若干个输入电压之和成正比的电路称为加法运算电路，也称为求和电路。它有反相输入和同相输入两种。

1）反相输入

反相输入加法运算电路如图 2.3.8 所示。两个输入信号 u_{i1}、u_{i2} 分别通过电阻 R_1 和 R_2 加到运放的反相输入端，R' 为平衡电阻，要求 $R'=R_1 /\!/ R_2 /\!/ R_F$，通过 R_F 引入深度电压并联负反馈。

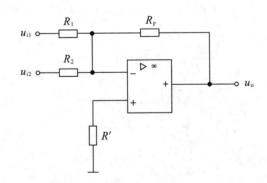

图 2.3.8 反相输入加法运算电路

由于集成运放工作在线性区，根据叠加定理，当 u_{i1} 单独作用时，电路如图 2.3.9 所示，此时的电路就是一个反相比例运算电路，根据式(2.3.7)有

$$u_{o1} = -\frac{R_F}{R_1}u_{i1} \tag{2.3.19}$$

当 u_{i2} 单独作用时，电路如图 2.3.10 所示，有

$$u_{o2} = -\frac{R_F}{R_2}u_{i2} \tag{2.3.20}$$

那么当 u_{i1}、u_{i2} 共同作用时的输出电压 u_o 为

$$u_o = -\left(\frac{R_F}{R_1}u_{i1} + \frac{R_F}{R_2}u_{i2}\right) \tag{2.3.21}$$

当取电阻 $R_F = R_1 = R_2$ 时，有

$$u_o = -(u_{i1} + u_{i2}) \tag{2.3.22}$$

即实现了反相加法运算。

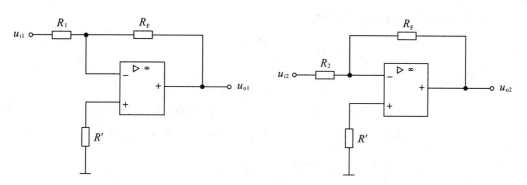

图 2.3.9　u_{i1} 单独作用时的电路　　　　图 2.3.10　u_{i2} 单独作用时的电路

2）同相输入

同相输入加法运算电路如图 2.3.11 所示。两个输入信号 u_{i1}、u_{i2} 同时加至运放的同相输入端，R_F 引入了深度电压串联负反馈。根据叠加定理，当 u_{i1} 单独作用时，电路如图 2.3.12 所示；当 u_{i2} 单独作用时，电路如图 2.3.13 所示，它是一个不同于图 2.3.5 所示的同相比例运算电路，不同之处在于此电路的同相端电压 u_P 有所变化。

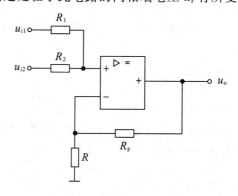

图 2.3.11　同相输入加法运算电路

91

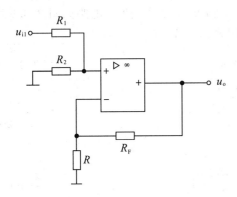

图 2.3.12 u_{i1} 单独作用时的等效电路

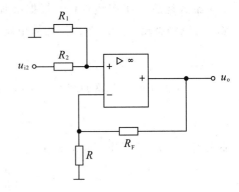

图 2.3.13 u_{i2} 单独作用时的等效电路

设 u_{i1} 单独作用,可求得此时同相端电压 u_{P1} 为

$$u_{P1} = \frac{R_2}{R_1 + R_2} u_{i1}$$

设 u_{i2} 单独作用,可求得同相端电压为

$$u_{P2} = \frac{R_2}{R_1 + R_2} u_{i2}$$

运用叠加原理,同相端总的输入电压为

$$u_P = u_{P1} + u_{P2} = \frac{R_2}{R_1 + R_2} u_{i1} + \frac{R_2}{R_1 + R_2} u_{i2} \tag{2.3.23}$$

又由式(2.3.15)得知,输出电压 u_o 与同相输入端电压 u_P 的运算关系为

$$u_o = \left(1 + \frac{R_F}{R}\right) u_P \tag{2.3.24}$$

将式(2.3.23)代入式(2.3.24)中得到

$$u_o = \left(1 + \frac{R_F}{R}\right)\left(\frac{R_2}{R_1 + R_2} u_{i1} + \frac{R_2}{R_1 + R_2} u_{i2}\right) \tag{2.3.25}$$

为了方便起见,常常取 $R_1 = R_2$,则有

$$u_o = \left(1 + \frac{R_F}{R}\right)\left(\frac{1}{2} u_{i1} + \frac{1}{2} u_{i2}\right) = u_{i1} + u_{i2} \tag{2.3.26}$$

即实现了同相加法运算。

同相加法运算电路各电阻值的选取必须要考虑平衡条件,当需要调整某一电阻时,必须同时改变其他电阻,以保证输入端的平衡,故电路的调试比较麻烦。

2. 减法运算电路

输出电压与若干个输入电压之差成比例的电路称为减法运算电路,也称为差动运算电路。减法运算电路如图 2.3.14 所示,两个输入信号分别加到了同相输入端和反相输入端。

设 u_{i2} 单独作用,此时电路等效为一反相比例运算电路,输出电压为

$$u_{o2} = -\frac{R_F}{R_2} u_{i2}$$

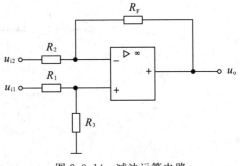

图 2.3.14 减法运算电路

设 u_{i1} 单独作用，则电路等效为一同相比例运算电路，输出电压为

$$u_{o1} = \left(1 + \frac{R_F}{R_2}\right)u_P = \left(1 + \frac{R_F}{R_2}\right)\frac{R_3}{R_1 + R_3}u_{i1}$$

则输出电压为

$$u_o = u_{o1} + u_{o2} = \left(1 + \frac{R_F}{R_2}\right)\frac{R_3}{R_1 + R_3}u_{i1} - \frac{R_F}{R_2}u_{i2} \tag{2.3.27}$$

当取 $R_1 = R_3$，$R_F = R_2$ 时，有

$$u_o = u_{i1} - u_{i2} \tag{2.3.28}$$

即实现了减法运算。

技能训练——加、减法电路仿真测试

加法电路仿真测试如图 2.3.15 所示，电路中 R_1、R_2 和 R_F 均为 30 kΩ。减法电路仿真测试如图 2.3.16 所示，电路中电阻参数如图所示。

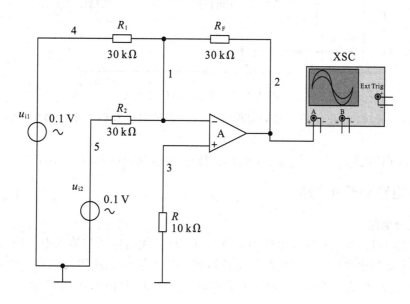

图 2.3.15 加法电路仿真测试

测试步骤如下：

（1）按照图 2.3.15 所示搭建好仿真电路。

（2）接入 u_{i1} 为 0.1 V、2 kHz 的正弦波信号，不接 u_{i2}。

（3）用示波器观测输入、输出波形。

测试结果：输出电压与输入电压相位_____（相同/相反）；电压放大倍数为_____；R_F/R_1 值为_____。

（4）保持步骤（3），将 R_F 改为 120 kΩ。

测试结果：电压放大倍数为_____；R_F/R_1 值为_____。

（5）接入 u_{i1} 和 u_{i2} 均为 0.1 V、2 kHz 的正弦波信号，用示波器观察输出电压和输入电压波形，画出各波形并记录。

结论：该电路_____（能/不能）实现输入电压相加$[u_o = -(u_{i1} + u_{i2})]$，且输出电压相对于输入电压相位是_____。

（6）按照图2.3.16所示搭建好仿真电路。

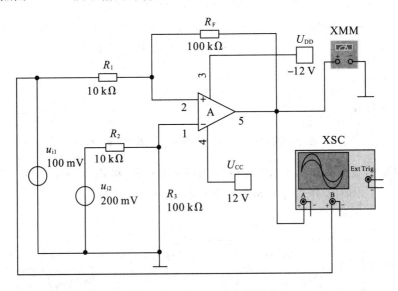

图2.3.16　减法电路仿真测试

（7）接入u_{i1}和u_{i1}正弦波信号，用示波器观察输出电压和输入电压波形，画出各波形并记录。

结论：即该电路_____（能/不能）实现输入电压相减（$u_o = u_{i2} - u_{i1}$）。

三、积分电路和微分电路

1. 积分电路

积分电路可以完成对输入电压的积分运算，即其输出电压与输入电压的积分成正比。积分电路和反相比例运算电路的构成比较相似，用电容C（在此假设电容C上的初始电压为零）来替换R_F作为反馈元件，就构成了积分运算电路，如图2.3.17所示。

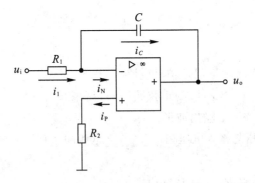

图2.3.17　积分运算电路

对于反相输入端，由"虚地"可得

$$i_1 = \frac{u_i}{R_1} \tag{2.3.29}$$

$$i_C = C\frac{\mathrm{d}u_C}{\mathrm{d}t} = -C\frac{\mathrm{d}u_\mathrm{o}}{\mathrm{d}t} \tag{2.3.30}$$

由"虚断"可得

$$i_1 = i_C \tag{2.3.31}$$

联立式(2.3.29)~式(2.3.31)，可得

$$u_\mathrm{o} = -\frac{1}{R_1 C}\int u_\mathrm{i}\mathrm{d}t \tag{2.3.32}$$

上式表明，输出电压 u_o 是输入电压 u_i 对时间的积分，式中负号表示 u_o 与 u_i 反相位。

由于同相积分电路的共模输入分量大，积分误差大，实际使用场合很少。

2. 微分电路

微分电路如图 2.3.18 所示。与积分电路比较，可以明显看出二者的不同之处是将 R 和 C 交换了位置。

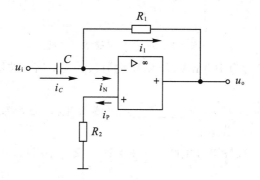

图 2.3.18　微分运算电路

由"虚地"的特点，可得

$$i_C = C\frac{\mathrm{d}u_C}{\mathrm{d}t} = C\frac{\mathrm{d}u_\mathrm{i}}{\mathrm{d}t} \tag{2.3.33}$$

$$i_1 = -\frac{u_\mathrm{o}}{R_1} \tag{2.3.34}$$

由"虚断"可得

$$i_1 = i_C \tag{2.3.35}$$

联立式(2.3.33)~式(2.3.35)，可得

$$u_\mathrm{o} = -RC\frac{\mathrm{d}u_\mathrm{i}}{\mathrm{d}t} \tag{2.3.36}$$

即输出电压 u_o 与输入电压 u_i 对时间的微分成正比，式中负号仍表示 u_o 与 u_i 反相位。由于微分电路的抗干扰能力较差，工作时稳定性不高，所以很少应用。

技能训练——积分、微分电路仿真测试

积分、微分电路仿真测试分别如图 2.3.19、图 2.3.20 所示，电路中参数如图中所示。测试步骤如下：

(1) 按照图 2.3.19 所示搭建好仿真电路，并在 C 两端并接一个 100 kΩ 电阻，引入负

反馈并启动电路,该电阻取值应尽可能大,也不宜过大。

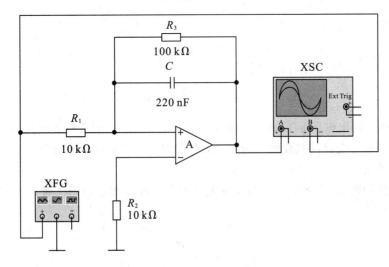

图 2.3.19　积分电路仿真测试

(2) 接入信号(XFG)为 100 mV、1 kHz 的方波信号,用示波器同时观察输出、输入电压波形。

测试结果:输入电压波形为_____,而输出电压波形为_____,因此该电路_____(能/不能)实现积分运算。

(3) 按照图 2.3.20 接好微分电路,并在电容 C 支路中串接一个 120 Ω 电阻,用来防止产生过冲响应。

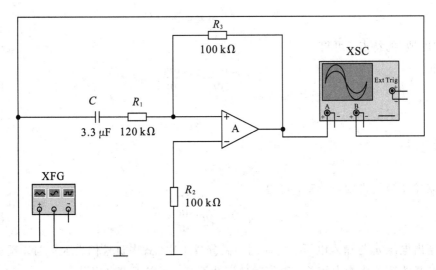

图 2.3.20　微分电路仿真测试

(4) 接入信号(XFG)为 100 mV、1 kHz 的三角波信号,用示波器同时观察输出、输入电压波形。

测试结果:输入电压波形为_____,而输出电压波形为_____,因此该电路_____(能/不能)实现微分运算。

2.3.3　电压比较器

电压比较器用来比较输入信号与参考电压(往往是固定不变的电压)的大小。当两者幅度相等时,输出电压产生跃变,由高电平变成低电平,或者由低电平变成高电平,由此来判断输入信号的大小和极性。电压比较器常常用在数模转换、数字仪表、自动控制和自动检测等技术领域,以及波形产生及变换等场合。

当利用集成运算放大器组成电压比较器时,集成运放通常工作在非线性区,故应根据集成运放工作在非线性区时的两个重要特点来分析电路。

常用的电压比较器类型有:单门限电压比较器、滞回电压比较器和双限电压比较器等。

一、单门限电压比较器

简单电压比较器通常只含有一个运放,而且多数情况下,运放是开环工作的。由于只有一个门限电压,因此又称为单限比较器。它常用于检测输入信号的电平是否大于或小于某一特定的值,故又称为电平检测器。

1. 比较器的阈值

比较器的输出状态发生跳变的时刻,所对应的输入电压值叫做比较器的阈值电压,简称阈值,或叫门限电压,简称门限,记作 U_{TH}。

2. 比较器的传输特性

比较器的输出电压 u_o 与输入电压 u_i 之间的对应关系叫做比较器的传输特性,它可用曲线表示,如图 2.3.21 所示,也可用方程式表示。

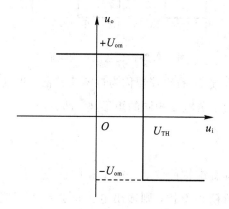

图 2.3.21　比较器的传输特性

当 $u_i > U_{TH}$ 时,$u_o = -U_{om}$;

当 $u_i < U_{TH}$ 时,$u_o = +U_{om}$;

当 $u_i = U_{TH}$ 时,输出电压发生跳转,从 $+U_{om}$ 跳到 $-U_{om}$ 或从 $-U_{om}$ 跳到 $+U_{om}$。

3. 比较器的组态

若输入电压 u_i 从运放的反相端输入,则称为反相比较器;若输入电压 u_i 从运放的同相端输入，则称为同相比较器。图 2.3.22 所示为反相输入式比较器。

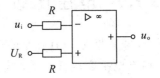

图 2.3.22　反相输入式比较器

由图 2.3.22 可见，参考电压 U_R 即为该电路的门限电压，即有 $U_{TH} = U_R$。

利用基本单门限电压比较器，可以实现波形变换，将正弦波信号或其他周期性波形变换成同频率的矩形波或方波信号。图 2.3.23 所示为将正弦波变为矩形波。

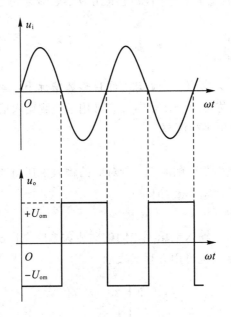

图 2.3.23　正弦波变为矩形波

如果参考电压为 0 V，这时的比较器称为过零比较器。当过零比较器的输入信号 u_i 为正弦波时，输出电压 u_o 为正负宽度相同的矩形波，即方波。

二、滞回电压比较器

单门限电压比较器具有结构简单、灵敏度高的优点，但它的抗干扰能力较差。如果输入信号在门限值附近有微小干扰，则输出电压将会产生相应的抖动，如果用此电压去控制电机等设备，将会出现操作错误，造成不可估量的损失，解决办法是采用滞回电压比较器。

滞回电压比较器及其传输特性曲线如图 2.3.24 所示，该电路为反相滞回比较器。它将输出电压通过电阻 R_F 再反馈到同相输入端，引入了电压串联正反馈。滞回电压比较器接有正反馈回路，所以工作于非线性状态。根据集成运放工作在非线性区的两个重要特点可知，输出电压发生跳变的临界条件是 $u_P = u_N$。由图可见，$u_N = u_i$，同相输入端

的电压 u_P 由参考电压 u_R 和输出电压 u_o 共同决定,可应用叠加原理分别求出 u_P 的两种工作状态。

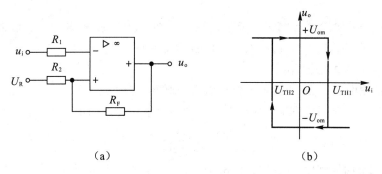

（a）　　　　　　　　　　　（b）

图 2.3.24　反相滞回比较器及其传输特性曲线

当输出电压正向饱和时,即 $u_o = +U_{om}$, u_P 的电压称为上限门限电压,用 U_{TH1} 表示,则有

$$U_{TH1} = U_R \frac{R_F}{R_2 + R_F} + U_{om} \frac{R_2}{R_2 + R_F} \qquad (2.3.37)$$

当输出电压负向饱和时,即 $u_o = -U_{om}$, u_P 的电压称为下限门限电压,用 U_{TH2} 表示,则有

$$U_{TH2} = U_R \frac{R_F}{R_2 + R_F} - U_{om} \frac{R_2}{R_2 + R_F} \qquad (2.3.38)$$

很显然,有 $U_{TH1} > U_{TH2}$。假设 u_i 为负电压且足够小,运放必然工作在正饱和状态, $u_o = +U_{om}$,此时 $u_P = U_{TH1}$。随着 u_i 逐渐增大,只要 $u_i < U_{TH1}$,则输出电压 $u_o = +U_{om}$ 将保持高电平不变。当输入信号 u_i 渐渐增大到 $u_i = U_{TH1}$ 时,输出电压由 $+U_{om}$ 翻转到 $-U_{om}$,同时运放同相端电压变为为 U_{TH2}。若 u_i 继续增大,输出电压不变,保持 $-U_{om}$,则传输特性曲线如图 2.3.25(a)所示。

要使运放状态再次发生翻转,必须减小 u_i,若 u_i 开始下降, u_o 保持 $-U_{om}$ 值,则运放同相端对地电压等于 U_{TH2},即使 u_i 达到 U_{TH1},因为 u_i 仍大于 U_{TH2},所以输出电压不变。当 u_i 降至 U_{TH2} 时,输出电压由 $-U_{om}$ 翻转回 $+U_{om}$, u_P 重新增大到 U_{TH1},传输特性曲线如图 2.3.25(b)所示。将图 2.3.25(a)、(b)两个特性合并在一起,就构成了如图 2.3.24(b)所示的迟滞电压比较器的电压传输特性。

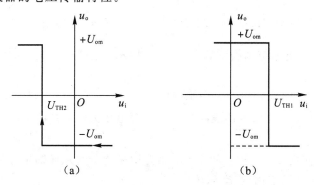

（a）　　　　　　　　　　　（b）

图 2.3.25　反相滞回比较器传输特性曲线

我们将上门限电压 U_{TH1} 和下门限电压 U_{TH2} 的二者之差 $\Delta U_{TH}=U_{TH1}-U_{TH2}$ 称为回差，回差电压的存在，可大大提高电路的抗干扰能力，回差电压越大，电路的抗干扰能力越强，但分辨度越差。

【例 2.3.1】 如图 2.3.24（a）所示电路，已知集成运放输出的正、负向饱和电压为 ± 9 V，$R_1=10$ kΩ，$R_2=10$ kΩ，$R_F=20$ kΩ，$U_R=9$ V。

（1）求出回差电压 ΔU_{TH}；

（2）请根据图 2.3.26 所示输入电压波形，画出输出电压波形。

解 输出电压正向饱和时，根据式（2.3.37）可求得上限门限电压 U_{TH1} 为

$$U_{TH1}=U_R\frac{R_F}{R_2+R_F}+U_{om}\frac{R_2}{R_2+R_F}=9\times\frac{20}{30}+9\times\frac{10}{30}=9\ \text{V}$$

输出电压负向饱和时，根据式（2.3.38）可求得下限门限电压 U_{TH2} 为

$$U_{TH2}=U_R\frac{R_F}{R_2+R_F}-U_{om}\frac{R_2}{R_2+R_F}=9\times\frac{20}{30}-9\times\frac{10}{30}=3\ \text{V}$$

回差电压为

$$\Delta U_{TH}=U_{TH1}-U_{TH2}=9-3=6\ \text{V}$$

已知输入电压波形，可画出输出电压波形如图 2.3.26 所示的矩形波。

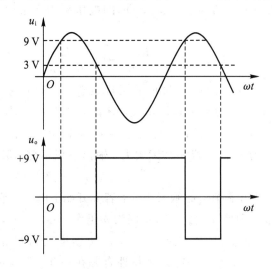

图 2.3.26 滞回比较器波形变换

技能训练——滞回电压比较器电路仿真测试

滞回电压比较器电路仿真测试如图 2.3.27 所示，电路中参数如图中所示。

训练步骤如下：

（1）按照图 2.3.27 所示搭建好仿真电路。

（2）接入 $u_i=U_R=0$，用万用表测量输出直流电压大小，并记录：$u_o=$＿＿＿＿＿＿ V，为 ＿＿＿＿＿电平。

（3）微调 u_i，使之在 ± 1 V 之间变化，用万用表测量并观察输出直流电压的变化情况，并记录：u_o＿＿＿＿＿＿（无变化/产生翻转）。

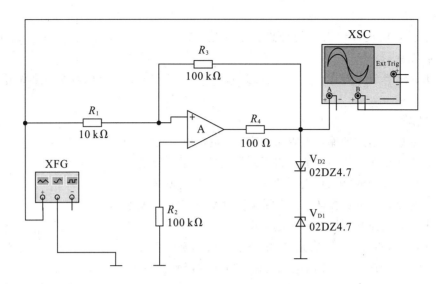

图 2.3.27　滞回电压比较器仿真测试

（4）保持步骤（3），微调 u_i，使之在 ±5 V 之间变化，用万用表测量并观察输出直流电压的变化情况，绘出该比较器的传输特性。

测试结果：该电路_____（能/不能）实现滞回电压比较器的作用。

思考练习题

1. 选择题

（1）集成运算放大器是（　　）。

A. 直接耦合多级放大器　　　　　　　B. 阻容耦合多级放大器

C. 变压器耦合多级放大器

（2）集成运算放大器对输入级的主要要求是（　　）。

A. 尽能高的电压放大倍数　　　　　　B. 尽可能大的带负载能力

C. 尽可能高的输入电阻　　　　　　　D. 尽可能小的零点漂移

（3）通用型集成运放的输入级通常采用（　　）电路。

A. 差分电路　　　B. 互补推挽　　　C. 基本共射放大　　　D. 电流源

（4）集成运算放大器工作在线性状态时的特点有（　　）。

A. 虚短、虚地　　B. 虚短、虚断　　C. 虚断、虚地　　　D. 短路、断路

（5）工作在电压比较器中的运放与工作在运算电路中的运放的主要区别是，前者的运放通常工作在（　　）。

A. 开环或正反馈状态　　　　　　　　B. 深度负反馈状态

C. 放大状态　　　　　　　　　　　　D. 线性工作状态

（6）滞回比较器有 2 个门限电压，因此在输入电压从足够低逐渐增大到足够高的过程中，其输出状态将发生（　　）次跃变。

A. 1　　　　　　　　B. 2　　　　　　　　C. 3　　　　　　　　D. 0

2. 填空题

(1) 理想集成运算放大器的理想化条件是 $A_{ud} =$ _____，$R_{id} =$ _____，$K_{CMR} =$ _____，$R_o =$ _____。

(2) 集成运算放大器在_____状态和_____条件下，可得出两个重要结论，它们是：_____和_____。

3. 判断题

(1) 理想集成运放的输入电阻为无穷大，输出电阻为零。（　　）

(2) 集成运放在应用中一般都需引入深度的电压负反馈。（　　）

(3) 理想运放中的"虚地"表示两输入端实际对地短路。（　　）

(4) 为避免集成运放损坏，在实际应用时要外接保护电路。（　　）

(5) 集成运放在开环情况下一定工作在非线性区。（　　）

4. 设图 2.3.28 所示集成运放为理想集成运放，其中 $R_1 = R_2 = 20$ kΩ，$R_3 = R = 10$ kΩ，$R_F = 100$ kΩ，试求输出电压与输入电压的函数关系式。

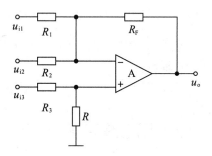

图 2.3.28　第 4 题图

5. 如图 2.3.29 所示电路中，A_1、A_2、A_3 均为理想运放。

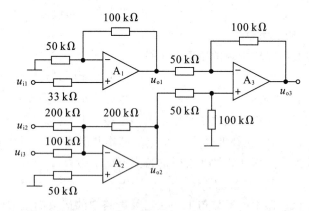

图 2.3.29　第 5 题图

(1) A_1、A_2、A_3 分别组成何种基本运算电路？

(2) 列出 u_{o1}、u_{o2}、u_{o3} 的表达式。

6. 电路如图 2.3.30 所示，已知 $U_Z = \pm 9$ V，$U_R = 6$ V。

(1) 试计算其门限电压。

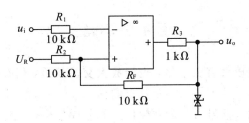

图 2.3.30　第 6 题图

（2）画出传输特性；

（3）设 $u_i = 6\sin\omega t(\text{V})$，试画出 u_o 波形。

7. 在图 2.3.31 所示电路中，设 A_1、A_2、A_3 均为理想运算放大器，其最大输出电压幅值为 ±12 V。

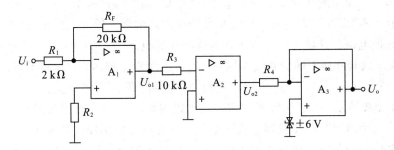

图 2.3.31　第 7 题图

（1）试说明 A_1、A_2、A_3 各组成什么电路？

（2）A_1、A_2、A_3 分别工作在线性区还是非线性区？

（3）若输入为 1 V 的直流电压，则各输出端 U_{o1}、U_{o2}、U_o 的电压为多大？

8. 在图 2.3.32 所示电路中，设 $t=0$ 时，$u_o=0$，集成运放最大输出电压 $U_{om} = \pm12$ V，$u_i=3$ V，$R_1=100$ kΩ，$C=100$ μF。

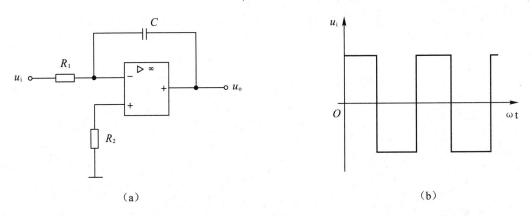

（a）　　　　　　　　　　　　（b）

图 2.3.32　第 8 题图

（1）写出 u_o 的表示式；

（2）若 u_i 波形如图所示，试画出输出 u_o 波形。

9. 试用集成运放实现以下运算关系：$u_o = 2u_{i1} - 5u_{i2} + 3u_{i3}$。

项目 2 小结

（1）直流放大器既能放大直流信号，也能放大交流信号，但存在着零点漂移现象，在实际电路中，通常采用差分放大器来抑制零点漂移。

（2）差分放大器的输入信号可分为共模信号和差模信号，它对差模信号有较强的放大能力，而对共模信号有很强的抑制能力，可以较好地抑制零点漂移。

（3）集成运放是高放大倍数的直接耦合多级放大电路，通常由输入级、中间级、输出级和偏置级等组成。为有效抑制零点漂移，输入级通常组成差分放大器。集成运放可以用各种参数来表述其性能的优越。

（4）集成运放在实际电路中通常看做理想状态来分析，理想运放可以工作在线性状态和非线性状态。工作于线性状态的理想运放有"虚短"和"虚断"两个法则；工作于非线性状态的理想运放也有"虚断"和"运放的输出总处于正或负的最大输出电压值"两个法则。利用这些法则和其他电路理论就可以分析各种各样的运放电路。

（5）集成运放若外接不同的负反馈网络，则可以实现比例运算、加减运算、微分、积分等各种数学运算。电路均可用理想运放"虚短"和"虚断"两个法则分析。

（6）电压比较器是一种信号变换电路，它可以对两个或多个模拟量进行比较，常用于各种控制电路。单门限电压比较器是输入电压与标准电压的比较；滞回电压比较器是输入电压与输出电压在同相输入端分压的比较，输出电压不同时，其标准电压也不同。

项目 3　负反馈放大电路

【学习目标】
- 理解和掌握负反馈的基本概念。
- 掌握判断反馈放大电路类型的方法。
- 了解负反馈对放大器性能的影响。

【技能目标】
- 能判断反馈的类型和极性，能根据需要正确引入反馈。
- 会估算深度负反馈条件下的参数。

【任务 3.1】　反馈的类型及判断

【任务目标】
- 熟悉反馈的基本概念。
- 熟知反馈的类型。
- 掌握反馈的判断方法。

【工作任务】
- 理解并学会负反馈的判断方法。

前面各章节介绍放大电路的输入信号与输出信号间的关系时，只涉及了输入信号对输出信号的控制作用，这称做放大电路的正向传输作用。然而，放大电路的输出信号也可能对输入信号产生反作用，简单地说，这种反作用就叫做反馈。反馈在电路中的应用十分广泛，特别是在精度、稳定性等方面要求较高的场合，往往通过引入含有负反馈的放大电路，来达到提高输出信号稳定度、改善电路工作性能（例如提高放大倍数的稳定性、改善波形失真、增加频带宽度、改变放大电路的输入电阻和输出电阻等）的目的。

3.1.1　反馈的基本概念

在电子电路中，将电路输出信号（电压或电流）的一部分或全部，通过一定形式的反馈网络送回到输入回路，使得净输入信号发生变化从而影响输出信号的过程称为反馈。引入反馈的目的一般有两个，一个是稳定电路的特性。如图 3.1.1 所示的分压式偏置放大电路中，在发射极引入的电阻 R_E 的作用是将输出量反馈到输入端，来进一步稳定集电极静态电流 I_{CQ}，其稳定过程为

$$T \uparrow \rightarrow I_{BQ} \uparrow \rightarrow I_{CQ} \uparrow \rightarrow I_{EQ} \uparrow \rightarrow U_{EQ} \uparrow \rightarrow U_{BEQ} \downarrow \rightarrow I_{BQ} \downarrow \rightarrow I_{CQ} \downarrow$$

$$T \downarrow \rightarrow I_{BQ} \downarrow \rightarrow I_{CQ} \downarrow \rightarrow I_{EQ} \downarrow \rightarrow U_{EQ} \downarrow \rightarrow U_{BEQ} \uparrow \rightarrow I_{BQ} \uparrow \rightarrow I_{CQ} \uparrow$$

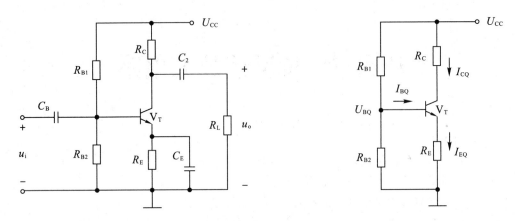

图 3.1.1　分压式偏置放大电路及直流通路

引入反馈的第二个目的是为振荡电路提供振荡条件,这一作用将在后面章节详细介绍。反馈放大电路的结构框图如图 3.1.2 所示。

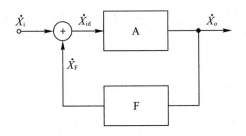

图 3.1.2　反馈放大电路的结构框图

在图 3.1.2 所示的反馈放大电路框图中,$\dot{X}_i$ 是反馈放大电路的原输入信号,$\dot{X}_o$ 是输出信号,$\dot{X}_F$ 是反馈信号,$\dot{X}_{id}$ 是基本放大电路的净输入信号。A 称为基本放大电路,用以实现信号的正向传输;F 称为反馈网络,用以将部分或全部输出信号反向传输到输入端。符号 $\oplus$ 表示输入信号 $\dot{X}_i$ 与反馈信号 $\dot{X}_F$ 的叠加。在图 3.1.2 中,把基本放大电路的输出信号 $\dot{X}_o$ 与净输入信号 $\dot{X}_{id}$ 之比,称为开环放大倍数,记为

$$\dot{A} = \frac{\dot{X}_o}{\dot{X}_{id}} \tag{3.1.1}$$

把反馈网络的输出信号(反馈信号)$\dot{X}_F$ 与放大电路输出信号 $\dot{X}_o$ 之比,称为反馈系数,记为

$$\dot{F} = \frac{\dot{X}_F}{\dot{X}_o} \tag{3.1.2}$$

把反馈放大电路的输出信号 $\dot{X}_o$ 与输入信号 $\dot{X}_i$ 之比,称为闭环放大倍数,记为

$$\dot{A}_F = \frac{\dot{X}_o}{\dot{X}_i} \tag{3.1.3}$$

3. 1. 2　反馈的类型

一、正反馈和负反馈

由反馈放大电路的结构框图 3.1.2 可知，反馈信号与原输入信号叠加作用后，对净输入信号的影响可分为两种情况：一种是使净输入信号增强的反馈，称为正反馈；另一种是使净输入信号削弱的反馈，称为负反馈。

二、直流反馈和交流反馈

仅在放大电路直流通路中存在或反馈量为直流量的反馈，称为直流反馈。直流反馈影响放大电路的直流性能，如直流负反馈能稳定静态工作点。仅在放大电路交流通路中存在或反馈量为交流量的反馈，称为交流反馈。交流反馈影响放大电路的交流性能，如增益、输入电阻、输出电阻及带宽等。

在放大电路交、直流通路中均存在或反馈量为交、直流量的反馈，称为交直流反馈。

如图 3.1.3 所示的电路中，根据电容隔直通交特性可知：图 3.1.3(a) 电路反馈量为直流，因而该电路为直流反馈放大电路；图 3.1.3(b) 电路反馈量为交流量，因而该电路为交流反馈放大电路；图 3.1.3(c) 反馈元器件仅为 R_F，因而该电路为交、直流反馈放大电路。

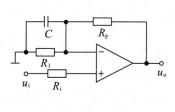
（a）直流反馈

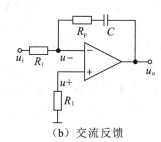
（b）交流反馈

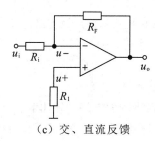
（c）交、直流反馈

图 3.1.3　直流反馈和交流反馈

三、电压反馈和电流反馈

根据输出信号反馈端采样方式的不同，可将反馈分为电压反馈和电流反馈。反馈信号取自输出电压，并与输出电压成比例的反馈或者是反馈网络和放大电路及负载并联连接的反馈称为电压反馈，如图 3.1.4(a) 所示。电流反馈是指反馈信号取自输出电流，并与输出电流成比例的反馈或指反馈网络和放大电路及负载串联连接的反馈，如图 3.1.4(b) 所示。

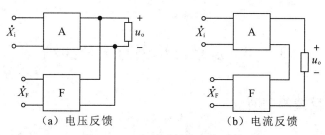
（a）电压反馈　　　　　　　　　（b）电流反馈

图 3.1.4　电压反馈和电流反馈

四、串联反馈和并联反馈

根据反馈信号与原输入信号在放大电路输入端合成方式的不同，可将反馈分为串联反馈与并联反馈。如图 3.1.5(a)所示，反馈网络 F 和放大电路 A 及输入信号 $\dot{X}_i$ 串联连接的反馈称为串联反馈，即净输入信号电压 $\dot{X}_{id}$ 为输入信号 $\dot{X}_i$ 和反馈信号 $\dot{X}_F$ 的叠加。如图 3.1.5(b)所示，反馈网络 F 和放大电路 A 及输入信号 $\dot{X}_i$ 并联连接的反馈称为并联反馈，即净输入信号电流 $\dot{X}_{id}$ 为输入信号 $\dot{X}_i$ 和反馈信号 $\dot{X}_F$ 的叠加。

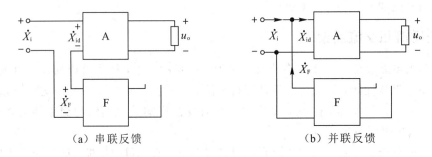

（a）串联反馈   （b）并联反馈

图 3.1.5　串联反馈和并联反馈

五、本级反馈和级间反馈

由图 3.1.2 可知，判别一个放大电路是否存在反馈的关键是找出电路中的反馈网络。在实际电路中有的反馈支路比较特殊，如图 3.1.1 所示的分压式偏置放大电路中的反馈元件 R_E 就较为隐蔽；有的反馈支路则比较明显，如图 3.1.3(b)所示电路的反馈支路 R_F、C 就非常明显。

在图 3.1.6 所示的反馈放大电路中，很明显第一级放大 A_1 的反馈支路为 R_{F1}，第二级放大 A_2 的反馈支路为 R_{F2}，我们将这种对自身放大的反馈称为本级反馈。在图 3.1.6 中的 R_F 将放大电路的输出和输入端之间连接起来，也构成了反馈支路，我们将这种在不同级之间构成的反馈称为级间反馈。

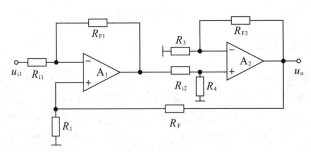

图 3.1.6　本级反馈和级间反馈

3.1.3　反馈的判断方法及实例

一、正反馈与负反馈的判断

由前面已经知道，使净输入信号 $\dot{X}_{id}$ 变大的称为正反馈，使净输入信号 $\dot{X}_{id}$ 减小的称为负反馈。判断反馈极性的基本方法是瞬时变化极性法，简称瞬时极性法。

具体做法是：首先，找到反馈支路，看是否存在反馈，之后假定原输入信号相对于公共参考端的瞬时极性为正或负，也就是假设该点的瞬时电位上升，在图中用"＋"或"⊕"表示；然后，根据各种基本放大电路的输出信号与输入信号之间的相位关系，顺着信号的传输方向，逐级标出放大电路中各有关点电位的瞬时极性；最后，在输入端将反馈信号和原输入信号的瞬时极性叠加，看净输入信号$\dot{X}_{id}$是增强了还是变弱了，如果是增强了则为正反馈，如果是变弱了则为负反馈。

放大电路通常由三极管或运算放大器构成。运用瞬时极性法判定放大电路中各点电位的瞬时极性时，首先必须熟练掌握三极管基本电路组态的判定与相应组态输出信号、输入信号电压之间的相位关系以及运算放大器输出端信号与输入端信号之间的相位关系。在前面的章节中已知三极管的组态中，只有共射极输入和输出信号相位相反；而集成运放构成的放大电路中，输出信号与输入信号的相位关系取决于输入信号的接入，若为同相输入则相位相同，若为反相输入则相位相反。

同时也可以通过目测来帮助判别反馈的极性，当反馈信号与输入信号直接相连时，若反馈信号与原输入信号的瞬时极性相反，则为负反馈，反之为正反馈；当反馈信号与输入信号不直接相连时，若反馈信号与原输入信号的瞬时极性相同，则为负反馈，反之为正反馈。

【例3.1.1】 判断图3.1.7所示各电路的反馈极性为正反馈还是负反馈。

解 在图3.1.7(a)所示的电路中，反馈元件为R_E，假设u_i对地的瞬时极性为⊕，则三极管V_T构成的共射极放大电路的基极的瞬时极性为⊕，由于集电极与基极反相，发射极与基极同相，故V_T管的集电极为⊖，发射极为⊕，反馈信号与输入信号不直接相连，且反馈信号与原输入信号的瞬时极性相同，所以由反馈元件R_E构成的反馈为负反馈。

在图3.1.7(b)所示的电路中，反馈元件R_F接在输出端与反相输入端之间，所以该电路存在反馈。假设输入信号u_i对地的瞬时极性为⊖，由图3.1.7(b)可以明显看出该电路为反相输入式比例放大电路，故输出信号u_o的瞬时极性为⊕，经R_F反馈到输入端的信号的瞬时极性也为⊕，且u_i与反馈支路均加在运放的反相输入端，使得净输入$i_{id}=i_i-i_F$减弱，所以是负反馈。

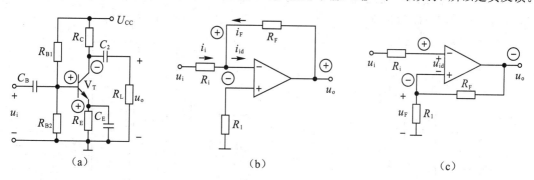

图3.1.7 例题3.1.1图

在图3.1.7(c)所示的电路中，反馈元件R_F接在输出端与同相输入端之间，所以该电路存在反馈。假设输入信号u_i对地的瞬时极性为⊕，由图3.1.7(c)可以明显看出该电路为反相输入式，故输出信号u_o的瞬时极性为⊖，经R_F反馈到运放的同相输入端的信号的瞬时极性也为⊖，且u_i与反馈支路分别加在运放的反相输入端和同相输入端，使得净输入$u_{id}=$

$u_i - u_F$ 增强，所以是正反馈。

二、直流反馈与交流反馈的判断

直流反馈影响放大电路的直流性能，如直流负反馈能稳定静态工作点 Q 等，图 3.1.1 中的 R_E 起到稳定静态工作点 Q 的作用；交流反馈影响放大电路的交流性能，如放大倍数、输入电阻、输出电阻及带宽等。

判别是直流反馈还是交流反馈的基本方法是画出反馈放大电路的直流通路和交流通路，然后观测反馈通路，若反馈元器件存在于直流通路，则为直流反馈；若反馈元器件存在于交流通路，则为交流反馈。

也可利用电容的"隔直通交"特性来判断放大电路是直流反馈还是交流反馈。一般地，若反馈通路中的电容一端接地，则该电路为直流反馈放大电路；若电容串联在反馈通路中，则该电路为交流反馈放大电路；若反馈通路中只有电阻或只有导线，则该电路为交直流反馈放大电路。

【例 3.1.2】 判断图 3.1.8 所示各电路为直流反馈还是交流反馈。

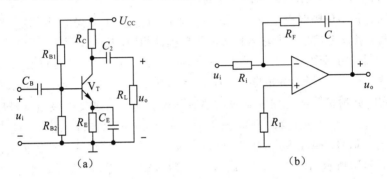

图 3.1.8 例题 3.1.2 图

解 在图 3.1.8(a) 所示的电路中，反馈元件为 R_E，图 3.1.9(a)、(b) 所示分别为图 3.1.8(a) 所示电路的直流通路和交流通路，反馈元件 R_E 仅存在于直流通路中，所以图 3.1.8(a) 所示的电路为直流反馈。

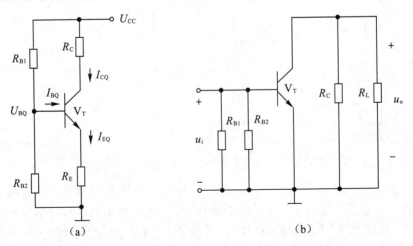

图 3.1.9 图 3.1.8(a) 的直流通路和交流通路

也可利用电容 C_E 直接判断，因其下端接地，也可得到该电路为直流反馈。

在图 3.1.8(b)所示的电路中，反馈支路为 C 和 R_F，图 3.1.10(a)、(b)所示分别为图 3.1.8(b)所示电路的直流通路和交流通路，反馈元件 R_F 仅存在于交流通路中，所以图 3.1.8(b)所示的电路为交流反馈。

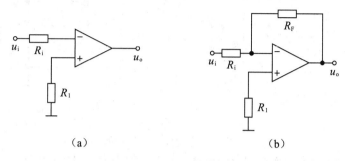

(a)　　　　　　　　　　　　　　(b)

图 3.1.10　图 3.1.8(b)的直流通路和交流通路

也可利用电容 C 直接判断，因电容串联在反馈通路中，也可得到该电路为交流反馈。

三、串联反馈与并联反馈的判断

判别是串联反馈还是并联反馈的基本方法是目测法，即若反馈信号与原输入信号直接相连，则为并联反馈；若反馈信号与原输入信号未直接相连，则为串联反馈。一般地，反馈信号为电压时，电路为串联反馈；反馈信号为电流时，电路为并联反馈。

【例 3.1.3】　判断图 3.1.11 所示各电路的反馈是串联反馈还是并联反馈。

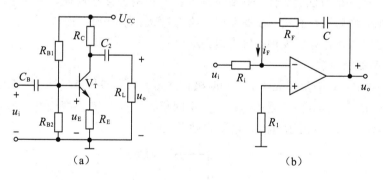

(a)　　　　　　　　　　　　　　(b)

图 3.1.11　例题 3.1.3 图

解　图 3.1.11(a)所示的分压式偏置放大电路的反馈支路为 R_E，没有与原输入信号 u_i 直接相连，所以为串联反馈。另外，可由反馈支路 R_E 的反馈信号为 u_E，亦可得到为串联反馈。

图 3.1.11(b)所示的反馈放大电路的反馈支路为 C 和 R_F，它与原输入信号 u_i 直接相连，所以为并联反馈。另外，由反馈支路 C 和 R_F 的反馈信号为 i_F，亦可得到为并联反馈。

四、电压反馈与电流反馈的判断

判别是电压反馈还是电流反馈的基本方法是输出短路法，即假定输出电压为零，若反馈信号也随之消失，则为电压反馈；若反馈信号依然存在，则为电流反馈。

判别是电压反馈还是电流反馈常常采用的方法是目测法，通过观测反馈支路，若反馈信号与输出直接相连,则为电压反馈;若反馈信号与输出未直接相连,则为电流反馈。

【例 3.1.4】 判断图 3.1.12 所示各电路的反馈是电压反馈还是电流反馈。

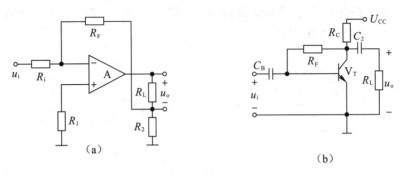

图 3.1.12 例题 3.1.4 图

解 图 3.1.12(a)所示的反馈放大电路的反馈支路为 R_F,没有与输出信号 u_o 直接相连,所以为电流反馈。也可将负载电阻 R_L 短路,则反馈信号仍然存在,亦可得到为电流反馈。

图 3.1.12(b)所示的反馈放大电路的反馈支路为 R_F,与输出信号 u_o 直接相连,所以为电压反馈。也可将负载电阻 R_L 短路,则反馈信号为零,亦可得到为电压反馈。

五、负反馈的组态和判别

根据反馈网络在输出端和输入端连接方式的不同,负反馈有四种组态:电压串联负反馈、电压并联负反馈、电流串联负反馈、电流并联负反馈。

组态判别的一般方法为:首先找到反馈支路,看是否存在反馈,之后用瞬时极性法判别电路的性质,最后用目测法,根据反馈支路与输入、输出端的连接方式得到是电压还是电流反馈,是串联还是并联反馈,最终得到结论。

1. 电流串联负反馈

图 3.1.13 中,R_E 为反馈元件,由瞬时极性法可知,电路是负反馈;由于反馈信号 u_E 与输入信号 u_i 未直接相连,因此是串联反馈;又因反馈支路和输入端没有直接相连,所以是电流反馈。故图 3.1.13 所示电路是电流串联负反馈。

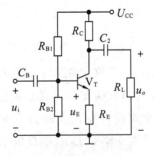

图 3.1.13 电流串联负反馈

电流串联负反馈电路的特点是:输出电流取样,通过反馈网络得到反馈电压,与输入电压叠加作为净输入电压进行放大。

2. 电压并联负反馈

图 3.1.14 中,R_F 为反馈元件所在支路,即反馈支路,由瞬时极性法可知,该电路是负

反馈；由于反馈信号与输入信号 u_i 直接相连，因此是并联反馈；又因反馈支路和输出端直接相连，所以是电压反馈。故图 3.1.14 所示电路是电压并联负反馈。

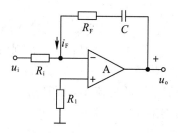

图 3.1.14　电压并联负反馈

电压并联负反馈电路的特点是：输出电压取样，通过反馈网络得到反馈电流，与输入电流叠加作为净输入电流进行放大。

3. 电压串联负反馈

图 3.1.15 中，R_F 为反馈元件所在支路，即反馈支路，由瞬时极性法可知，该电路是负反馈；由于反馈信号与输入信号 u_i 未直接相连，因此是串联反馈；又因反馈支路和输出端直接相连，所以是电压反馈。故图 3.1.15 所示电路是电压串联负反馈。

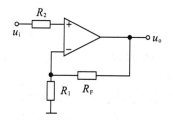

图 3.1.15　电压串联负反馈

电压串联负反馈电路的特点是：输出电压取样，通过反馈网络得到反馈电压，与输入电压叠加作为净输入电压进行放大。

4. 电流并联负反馈

图 3.1.16 中，R_F 为反馈元件所在支路，即反馈支路，由瞬时极性法可知，该电路是负反馈；由于反馈信号与输入信号 u_i 直接相连，因此是并联反馈；又因反馈支路和输出端未直接相连，所以是电流反馈。故图 3.1.16 所示电路是电流并联负反馈。

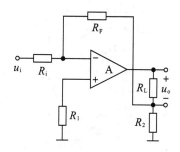

图 3.1.16　电流并联负反馈

电流并联负反馈电路的特点是：输出电流取样，通过反馈网络得到反馈电流，与输入电流叠加作为净输入电流进行放大，适用于输入信号为恒流源或近似为恒流源的情况。

思考练习题

1. 选择题

（1）在输入量不变的情况下，若引入反馈后（　　），则说明引入的反馈是正反馈。

A. 输入电阻增大　　B. 输出电阻增大　　C. 净输入量增大　　D. 净输入量减小

（2）若要求放大电路取用信号源的电流小，而且输出电压基本不随负载变化而变化，在放大电路中应引入的负反馈类型为（　　）。

A. 电流串联　　　　B. 电压串联　　　　C. 电流并联　　　　D. 电压并联

（3）在输入量不变的情况下，若引入反馈后（　　），则说明引入的是负反馈。

A. 输入电阻增大　　B. 净输入量减小　　C. 净输入量增大　　D. 输出量增大

（4）对于放大电路，所谓开环是指（　　），而所谓闭环是指（　　）。

A. 无信号源　　　　　　　　B. 无反馈通路　　　　　　　　C. 无电源

D. 存在反馈通路　　　　　　E. 接入电源

（5）直流负反馈是指（　　）。

A. 直接耦合电路中所引入的负反馈　　B. 放大直流信号时才有的负反馈

C. 在直流通路中的负反馈

（6）交流负反馈是指（　　）。

A. 阻容耦合电路中所引入的负反馈　　B. 放大交流信号时才有的负反馈

C. 在交流通路中的负反馈

（7）交流负反馈对放大电路性能影响的下列说法中，不正确的是（　　）。

A. 放大倍数增大　　　　　　　　B. 非线性失真减小

C. 提高放大倍数的稳定性　　　　D. 扩展通频带

2. 填空题

（1）串联负反馈只有在信号源内阻＿＿＿＿＿＿＿时，其反馈效果才显著；并联负反馈只有在信号源内阻＿＿＿＿＿＿＿时，其反馈效果才显著。

（2）图 3.1.17 所示电路中的交流反馈类型和极性（反馈组态）分别为：图（a）为＿＿＿＿＿＿＿反馈，图（b）为＿＿＿＿＿＿＿反馈，图（c）为＿＿＿＿＿＿＿反馈。

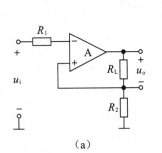 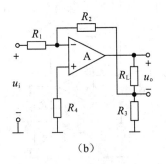 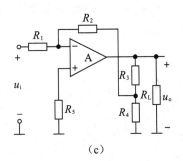

（a）　　　　　　　　　　　（b）　　　　　　　　　　　（c）

图 3.1.17　第 2(2) 题图

（3）负反馈按采样与求和方式的不同有四种类型，分别为＿＿＿＿＿＿＿负反馈、＿＿＿＿＿＿＿负反馈、＿＿＿＿＿＿＿负反馈和＿＿＿＿＿＿＿负反馈。

（4）为判断放大电路中引入的反馈是电压反馈还是电流反馈，通常令输出电压为零，看反馈是否依然存在，若输出电压置零后反馈不复存在，则为_____。

3. 判断题

（1）若放大电路的放大倍数为负，则引入的反馈一定是负反馈。（　　　）

（2）反相输入比例运算电路引入的是电压串联负反馈。（　　　）

（3）无论是同相比例运算电路还是反相比例运算电路，其闭环电压放大倍数与运放的开环电压放大倍数无关，只与外接电阻有关。（　　　）

（4）反馈量仅仅取决于输出量。（　　　）

【任务3.2】 负反馈放大电路基本性能测试

【任务目标】

· 熟知负反馈对放大电路性能的影响。

· 能正确测试负反馈放大电路的基本性能指标。

【工作任务】

· 负反馈放大电路基本性能指标的测试。

3.2.1 负反馈降低了放大倍数

由反馈放大电路的结构框图3.1.2可知，在负反馈时有

$$\dot{X}_{id} = \dot{X}_i - \dot{X}_F \tag{3.2.1}$$

联立式（3.1.1）、式（3.1.2）、式（3.1.3）和式（3.2.1），可得

$$\dot{A}_F = \frac{\dot{X}_o}{\dot{X}_i} = \frac{\dot{X}_o}{\dot{X}_{id} + \dot{X}_F} = \frac{\dot{X}_o}{\dot{X}_{id} + F\dot{X}_o} = \frac{\dot{X}_o}{\dot{X}_{id} + \dot{A}F\dot{X}_{id}} = \frac{\dot{X}_o/\dot{X}_{id}}{1 + \dot{A}F} = \frac{\dot{A}}{1 + \dot{A}F} \tag{3.2.2}$$

式（3.2.2）称为负反馈放大电路的基本关系式。它表示加了负反馈后的闭环放大倍数 $\dot{A}_F$ 是开环放大倍数 $\dot{A}$ 的 $\left|\dfrac{1}{1+\dot{A}\dot{F}}\right|$ 倍，其中 $|1+\dot{A}\dot{F}|$ 称为反馈深度。$|1+\dot{A}\dot{F}|$ 越大，反馈越深，$\dot{A}_F$ 就越小。在信号频率不是很高的情况下，式（3.2.2）中的 $\dot{A}$、$\dot{F}$、$\dot{A}_F$ 都为实数，则式（3.2.2）可以写成

$$A_F = \frac{A}{1 + AF} \tag{3.2.3}$$

根据反馈深度的大小，有如下几种情况：

（1）若 $|1+AF| > 1$，则有 $|A_F| < |A|$，闭环放大倍数减小，电路为负反馈。

（2）若 $|1+AF| < 1$，则有 $|A_F| > |A|$，闭环放大倍数增大，电路为正反馈。

（3）若 $|1+AF| = 0$，则有 $|A_F| \to \infty$，产生自激振荡。

（4）若 $|1+AF| \gg 1$，则有 $|A_F| \approx \dfrac{1}{F}$，此时电路的闭环放大倍数仅取决于反馈系数 F，我们将这种状态称为深度负反馈。

3.2.2 负反馈提高了放大倍数的稳定性

通常情况下,开环放大倍数 A 是不稳定的,例如温度影响或负载变化时,电压放大倍数 A 也要随之变化,所以它是不稳定的。引入负反馈后,可使放大电路的输出信号趋于稳定。放大电路放大倍数稳定性的提高通常用相对变化量来衡量。

由式(3.2.3)对 A 两边求导,可得到

$$\frac{\mathrm{d}A_F}{\mathrm{d}A}=\frac{1}{(1+AF)^2}=\frac{A}{1+AF}\cdot\frac{1}{(1+AF)A}=A_F\cdot\frac{1}{(1+AF)A}=\frac{1}{1+AF}\cdot\frac{A_F}{A} \quad (3.2.4)$$

即有

$$\frac{\mathrm{d}A_F}{A_F}=\frac{1}{1+AF}\cdot\frac{\mathrm{d}A}{A} \quad (3.2.5)$$

式(3.2.5)表明,闭环放大倍数的相对变化量只是开环放大倍数的相对变化量的 $\frac{1}{1+AF}$。也就是说,引入负反馈后,放大倍数下降为原来的 $\frac{1}{1+AF}$ 倍,但是其稳定度却提高了 $1+AF$ 倍。

【例 3.2.1】 某负反馈放大器的 $A=10^4$,反馈系数 $F=0.01$,求其闭环放大倍数 A_F。若因参数变化使 A 变化 $\pm10\%$,求出 A_F 的相对变化量。

解 由式(3.2.3)可得

$$A_F=\frac{A}{1+AF}=\frac{10^4}{1+10^4\times0.01}\approx100$$

由式(3.2.5)可得

$$\frac{\mathrm{d}A_F}{A_F}=\frac{1}{1+AF}\cdot\frac{\mathrm{d}A}{A}=\frac{1}{1+10^4\times0.01}\times(\pm10\%)=\pm0.1\%$$

很明显,开环放大倍数 A 的变化范围为 9 900~10 100,而闭环放大倍数 A_F 的变化范围为 99.9~100.1,显然,A_F 的稳定性比 A 的稳定性提高了约 100 倍。

3.2.3 负反馈减小了非线性失真并可抑制反馈环内噪声和干扰

由于放大电路中的元器件具有非线性,因而会引起非线性失真。一个无反馈的放大器,即使设置了合适的静态工作点,当输入信号较大时,仍会使输出信号波形产生非线性失真。引入负反馈后,这种失真可以减小。

图 3.2.1 所示输入信号 $\dot{X}_i$ 为标准正弦波,经基本放大器 A 放大后的输出信号 $\dot{X}_o$ 的正半周大,负半周小,出现了失真。

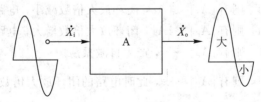

图 3.2.1 开环放大

图 3.2.2 为引入负反馈后，在反馈系数不变的前提下，反馈信号的波形与输出信号波形相似，也是正半周大，负半周小。失真了的反馈信号与原输入信号在输入端叠加，产生的净输入信号就会是前半周小、后半周大的波形。再通过放大电路 A，就把输出信号的前半周压缩，后半周扩大，结果使前后半周的输出幅度趋于一致，输出波形接近原输入的标准正弦波，从而减小了非线性失真。

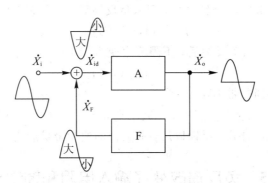

图 3.2.2　闭环放大

需要指出的是：负反馈只能减小放大电路自身产生的非线性失真，而对输入信号的非线性失真，负反馈是无能为力的。

在电声设备中，当无信号输入时，喇叭有杂音输出。这种杂音是由放大电路内部的干扰和噪声引起的，内部干扰主要是直流电源波动或纹波引起的，内部噪声主要是电路元器件内部载流子不规则的热运动产生的。噪声对放大电路是有害的，它的影响并不单纯由噪声本身的大小来决定。当外加信号的幅度较大时，噪声的影响较小；当外加信号的幅度较小时，就很难与噪声分开，而被噪声所"淹没"。引入负反馈后，有用的信号功率与噪声功率同时减小，也就是说，负反馈虽然能使干扰和噪声减小，但同时将有用的信号也减小了。需要指出的是，负反馈对来自外部的干扰和输入信号混入的噪声是无能为力的。

3.2.4　负反馈展宽了通频带

放大电路的幅频特性如图 3.2.3 所示。电路中电抗元件的存在，以及寄生电容和晶体管结电容的存在，会造成放大器的放大倍数随频率而变，使中频段放大倍数较大，而高频段和低频段放大倍数较小。图 3.2.3 中 f_H、f_L 分别为上限频率和下限频率，其通频带定义为 $BW_{0.7} = f_H - f_L$。

令开环放大电路中频段的放大倍数为 A_u，则放大器在高频段的放大倍数 A_H 的表达式为

$$A_H = \frac{A_u}{1 + j\dfrac{f}{f_H}} \qquad (3.2.6)$$

引入负反馈后，放大器在高频段的放大倍数 A_{HF} 的表达式为

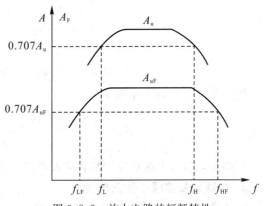

图 3.2.3　放大电路的幅频特性

$$A_{HF} = \frac{A_H}{1+A_H F} = \frac{\dfrac{A_u}{1+j\dfrac{f}{f_H}}}{1+\dfrac{A_u}{1+j\dfrac{f}{f_H}} \cdot F} = \frac{A_u}{1+A_u F+j\dfrac{f}{f_H}} = \frac{\dfrac{A_u}{1+A_u F}}{1+j\dfrac{f}{(1+A_u F)f_H}} \qquad (3.2.7)$$

将式(3.2.7)与式(3.2.6)比较可得，引入负反馈后，上限频率变为

$$f_{HF} = (1+A_u F)f_H \qquad (3.2.8)$$

同理可以推导出，引入负反馈后，下限频率变为

$$f_{LF} = (1+A_u F)f_L \qquad (3.2.9)$$

则引入负反馈后的通频带 $BW_{(0.7)F}$ 为

$$BW_{(0.7)F} = f_{HF} - f_{HL} = (1+A_u F)(f_H - f_L) = (1+A_u F)BW_{0.7} \qquad (3.2.10)$$

由式(3.2.10)可见，加了负反馈以后，放大器的通频带扩展为原来的 $1+A_u F$ 倍。

3.2.5 负反馈改变了输入电阻和输出电阻

一、对输入电阻的影响

输入电阻是从输入端看进去的等效电阻，所以带负反馈的放大电路的输入电阻必然与反馈网络在输入端的连接方式有关，即主要取决于串联、并联负反馈。

1. 串联负反馈增加输入电阻

图 3.2.4 所示为串联负反馈的方框图，由图可得到开环时输入电阻 R_i 为

$$R_i = \frac{\dot{X}_{id}}{\dot{I}_i}$$

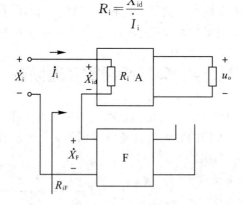

图 3.2.4　串联负反馈对输入电阻的影响

闭环负反馈时输入电阻 R_{iF} 为

$$R_{iF} = \frac{\dot{X}_{id} + \dot{X}_F}{\dot{I}_i} = \frac{\dot{X}_{id} + A\dot{F}X_{id}}{\dot{I}_i} = (1+AF)R_i$$

很明显，引入串联负反馈后，输入电阻是无反馈时的 $1+AF$ 倍。

2. 并联负反馈减小输入电阻

图 3.2.5 所示为并联负反馈的方框图，由图可得到开环时输入电阻 R_i 为

$$R_{\mathrm{i}} = \frac{\dot{X}_{\mathrm{id}}}{\dot{I}_{\mathrm{i}}}$$

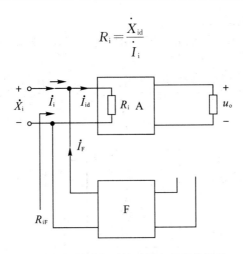

图 3.2.5　并联负反馈对输入电阻的影响

闭环负反馈时输入电阻 R_{iF} 为

$$R_{\mathrm{iF}} = \frac{\dot{X}_{\mathrm{i}}}{\dot{I}_{\mathrm{id}} + \dot{I}_{\mathrm{F}}} = \frac{\dot{X}_{\mathrm{i}}}{\dot{I}_{\mathrm{id}} + AF\dot{I}_{\mathrm{id}}} = \frac{1}{1+AF}R_{\mathrm{i}}$$

很明显，引入并联负反馈后，输入电阻是无反馈时的 $\dfrac{1}{1+AF}$。

二、对输出电阻的影响

输出电阻是从输出端看进去的等效电阻，所以带负反馈的放大电路的输出电阻必然与反馈网络在输出端的连接方式有关，即主要取决于电压、电流负反馈。

1. 电流负反馈增加输出电阻

图 3.2.6 所示为电流负反馈的方框图，由图可得到开环时输出电阻为 R_{o}，闭环负反馈时输出电阻 R_{oF} 为

$$R_{\mathrm{oF}} = \frac{U_{\mathrm{o}}}{I_{\mathrm{o}}} = \frac{[I_{\mathrm{o}} - (-AFI_{\mathrm{o}})]R_{\mathrm{o}}}{I_{\mathrm{o}}} = (1+AF)R_{\mathrm{o}}$$

很明显，引入电流负反馈后，输出电阻是无反馈时的 $1+AF$ 倍。

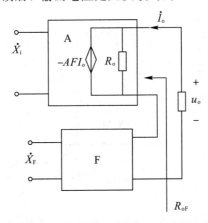

图 3.2.6　电流负反馈对输出电阻的影响

2. 电压负反馈减小输出电阻

图 3.2.7 所示为电压负反馈的方框图，由图可得到开环时输出电阻为 R_o，闭环负反馈时输出电阻 R_{oF} 为

$$R_{oF} = \frac{U_o}{I_o} = \frac{U_o}{\dfrac{U_o - (-AF)U_o}{R_o}} = \frac{R_o}{1 + AF}$$

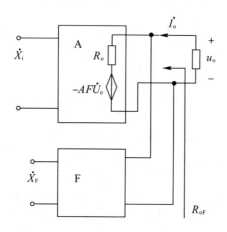

图 3.2.7　电压负反馈对输出电阻的影响

很明显，引入电压负反馈后，输出电阻是无反馈时的 $\dfrac{1}{1 + AF}$。

技能训练——负反馈对放大电路性能影响的仿真测试

负反馈对放大电路性能影响的仿真测试如图 3.2.8 所示，电路中参数如图中所示。

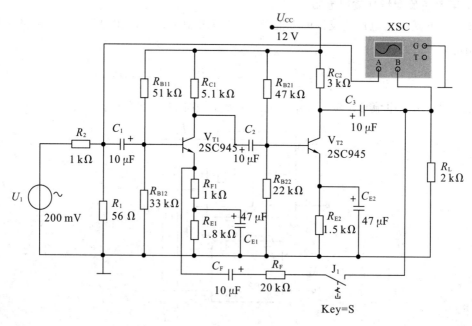

图 3.2.8　负反馈对放大电路性能影响的仿真测试

测试步骤如下：

（1）按照图 3.2.8 所示搭建好仿真电路，打开开关 S，测量三极管 V_{T1}、V_{T2} 各级的直流电压，$U_{B1}=$ _____、$U_{E1}=$ _____、$U_{C1}=$ _____、$U_{B2}=$ _____、$U_{E2}=$ _____、$U_{C2}=$ _____，由此判别 V_{T1} 和 V_{T2} 的工作状态。

（2）负反馈对放大电路放大倍数影响的测试。

① 接入 $U_i=20$ mV、$f_i=1$ kHz 的交流信号，用示波器观测输出电压幅度的大小，用毫伏表测量输出电压，并记录：$U_o=$ _____ V，计算 $A_u=\dfrac{U_o}{U_i}=$ _____。

② 闭合开关 S，用示波器观测输出电压幅度的变化，用毫伏表测量输出电压，并记录：$U_o=$ _____ V，计算 $A_{uF}=\dfrac{U_{oF}}{U_i}=$ _____。

（3）负反馈扩展通频带的测试。

① 打开开关 S，接入 $U_i=20$ mV，使频率从 $f_i=1$ kHz 逐渐增加，使输出电压等于 $\sqrt{2}U_o$，记录测试对应的信号频率 $f_H=$ _____；再使频率从 $f_i=1$ kHz 逐渐减小，使输出电压等于 $\sqrt{2}U_o$，记录测试对应的信号频率 $f_L=$ _____，计算 $f_H-f_L=$ _____。

② 闭合开关 S，接入 $U_i=20$ mV，使频率从 $f_i=1$ kHz 逐渐增加，使输出电压等于 $\sqrt{2}U_o$，记录测试对应的信号频率 $f_{HF}=$ _____；再使频率从 $f_i=1$ kHz 逐渐减小，使输出电压等于 $\sqrt{2}U_o$，记录测试对应的信号频率 $f_{LF}=$ _____，计算 $f_{HF}-f_{LF}=$ _____。

（4）负反馈减小非线性失真的测试。

① 打开开关 S，接入 $U_i=20$ mV、$f_i=1$ kHz 的交流信号，用示波器观测输出电压的波形，并逐渐增大其幅度，使输出电压波形出现明显的非线性失真，认真观测波形。

② 闭合开关 S，用示波器观测输出电压的波形，并逐渐增大其幅度，观察输出电压波形非线性失真现象有无改变。

测试结果：

（1）引入负反馈后，放大器的放大倍数_____（增加/减小/不变）；

（2）引入负反馈后，放大器的非线性失真_____（增加/减小/不变）；

（3）引入负反馈后，放大器的通频带_____（增加/减小/不变）。

思考练习题

1. 填空题

（1）为稳定电路的输出信号，电路应采用_____反馈；为了产生一个正弦波信号，电路应采用_____反馈。

（2）直流负反馈的作用是_____。

（3）同一放大电路，若要其增益增大，则其通频带宽度将_____。

2. 判断题

(1) 使输入量减小的反馈是负反馈，否则为正反馈。（　　）

(2) 若放大电路的放大倍数为正，则引入的反馈一定是正反馈。（　　）

(3) 电压负反馈稳定输出电压，电流负反馈稳定输出电流。（　　）

(4) 只要在放大电路中引入反馈，就一定能使其性能得到改善。（　　）

(5) 放大电路的级数越多，引入的负反馈越强，电路的放大倍数也就越稳定。（　　）

3. 已知一个电压串联负反馈放大电路的电压放大倍数 $A_{uF}=20$，其基本放大电路的电压放大倍数 A_u 的相对变化率为 10%，A_{uF} 的相对变化率小于 0.1%，那么 F 和 A_u 各为多少？

4. 反馈放大电路如图 3.2.9 所示。

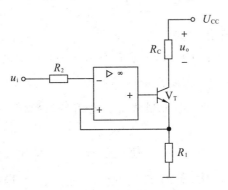

图 3.2.9　第 4 题图

(1) 哪些元件构成了反馈网络（交流反馈）？

(2) 判断电路中交流反馈的类型。

(3) 求反馈系数。

5. 放大电路如图 3.2.10 所示，以 R_F 为反馈支路，可以构成何种组态的反馈？请对其进行判别。

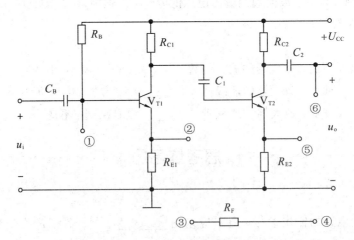

图 3.2.10　第 5 题图

6. 判断图 3.2.11(a)、(b)、(c)、(d)、(e)、(f) 所示的各个电路的反馈类型。

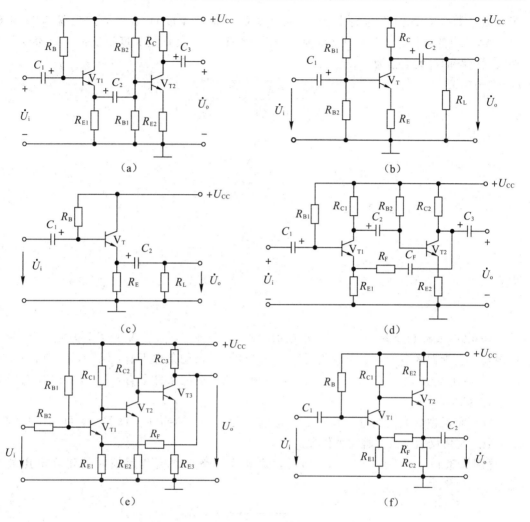

图 3.2.11　第 4 题图

【任务 3.3】 负反馈在实际工程中的应用

【任务目标】

- 熟知负反馈在实际工程中的基本应用。
- 掌握深度负反馈的分析计算方法。

【工作任务】

- 深度负反馈放大电路的计算分析。

3.3.1　深度负反馈放大电路的分析计算

由前面的分析已知，若 $|1+AF| \gg 1$，则有 $|A_F| \approx \dfrac{1}{F}$，此时电路的闭环放大倍数仅取决

于反馈系数 F，我们将这种状态称为深度负反馈。深度负反馈是指反馈深度满足 $|1+AF| \gg 1$ 的条件，工程上通常认为 $|1+AF| \gg 10$ 时，就算是深度负反馈了。深度负反馈放大电路的放大倍数为

$$\dot{A}_{\mathrm{F}} = \frac{\dot{A}}{1+\dot{A}\dot{F}} \approx \frac{1}{\dot{F}} = \frac{\dot{X}_{\mathrm{o}}}{\dot{X}_{\mathrm{i}}} \tag{3.3.1}$$

又由式(3.1.2)知

$$\dot{F} = \frac{\dot{X}_{\mathrm{F}}}{\dot{X}_{\mathrm{o}}} \tag{3.3.2}$$

联立式(3.3.1)、式(3.3.2)，有

$$\frac{\dot{X}_{\mathrm{o}}}{\dot{X}_{\mathrm{i}}} = \frac{\dot{X}_{\mathrm{o}}}{\dot{X}_{\mathrm{F}}} \tag{3.3.3}$$

即有

$$\dot{X}_{\mathrm{F}} = \dot{X}_{\mathrm{i}} \tag{3.3.4}$$

联系式(3.3.4)及图 3.1.2，说明在深度负反馈条件下，由于 $\dot{X}_{\mathrm{F}} = \dot{X}_{\mathrm{i}}$，因此有 $\dot{X}_{\mathrm{id}} = 0$，即净输入量近似为零。对于串联负反馈，在深度负反馈的条件下有：$U_{\mathrm{F}} = U_{\mathrm{i}}$，即有 $U_{+} = U_{-}$，将之称为"虚短"；对于并联负反馈，在深度负反馈的条件下有：$I_{\mathrm{F}} = I_{\mathrm{i}}$，即有 $I_{\mathrm{id}} = 0$，将之称为"虚断"。

深度负反馈放大电路分析计算的一般顺序为：先正确判断反馈类型，再求解反馈系数，最后利用反馈系数求解放大倍数。

【例 3.3.1】 电路如图 3.3.1 所示，试求该电路在深度负反馈时的闭环电压放大倍数。

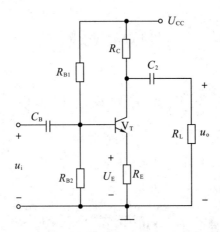

图 3.3.1 例题 3.3.1 图

解 （1）根据电路组态判别方法，可判断该电路为电流串联负反馈。

（2）电路的反馈系数 F 为

$$F_{\mathrm{UI}} = \frac{U_{\mathrm{F}}}{I_{\mathrm{o}}} = -R_{\mathrm{E}}$$

（3）在深度负反馈条件下，闭环放大倍数 A_{uF} 为

$$A_{uF}=\frac{1}{F_{UI}}=-\frac{1}{R_E}$$

【例 3.3.2】　电路如图 3.3.2 所示，试求该电路在深度负反馈时的闭环电压放大倍数。

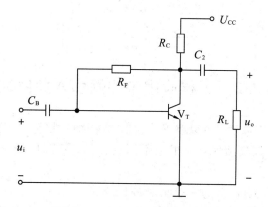

图 3.3.2　例题 3.3.2 图

解　（1）根据电路组态判别方法，可判断该电路为电压并联负反馈。

（2）电路的反馈系数 F 为

$$F_{IU}=\frac{I_F}{U_o}=-\frac{1}{R_F}$$

（3）在深度负反馈条件下，闭环放大倍数 A_{uF} 为

$$A_{uF}=\frac{1}{F_{IU}}=-R_F$$

【例 3.3.3】　电路如图 3.3.3 所示，试求该电路在深度负反馈时的闭环电压放大倍数。

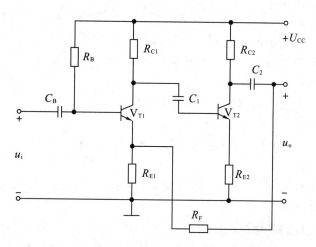

图 3.3.3　例题 3.3.3 图

解　（1）根据电路组态判别方法，可判断该电路为电压串联负反馈。

（2）输出电压 U_o 经 R_F 和 R_{E1} 分压，则有

$$U_{\mathrm{F}} = \frac{R_{\mathrm{F}}}{R_{\mathrm{E1}} + R_{\mathrm{F}}} U_{\circ}$$

电路的反馈系数 F 为

$$F_{\mathrm{UU}} = \frac{U_{\mathrm{F}}}{U_{\circ}} = \frac{R_{\mathrm{F}}}{R_{\mathrm{E1}} + R_{\mathrm{F}}}$$

（3）在深度负反馈条件下，闭环放大倍数 A_{uF} 为

$$A_{\mathrm{uF}} = \frac{1}{F_{\mathrm{UU}}} = \frac{R_{\mathrm{E1}} + R_{\mathrm{F}}}{R_{\mathrm{F}}} = 1 + \frac{R_{\mathrm{E1}}}{R_{\mathrm{F}}}$$

3.3.2 工程应用中如何引入负反馈

放大电路引入负反馈以后，可以改善放大器多方面的性能，而且反馈组态不同，引起的影响也不同。所以引入反馈时，应根据不同的目的、不同的要求，引入合适的负反馈组态。

在实际使用时，引入负反馈的一般原则如下：

（1）为了稳定静态工作点，应引入直流负反馈；为了改善电路的动态性能，应引入交流负反馈。

（2）根据信号源的性质，引入串联负反馈或者并联负反馈的目的是为了充分利用信号源或提高信号源的利用率。当信号源为恒压源或内阻较小的电压源时，为增大放大电路的输入电阻，以减小信号源的输出电流和内阻上的压降，应引入串联负反馈；当信号源为恒流源或内阻较大的电压源时，为减小电路的输入电阻，使电路获得更大的输入电流，应引入并联负反馈。

（3）根据负载对放大电路输出量的要求，即负载对其信号源的要求，决定引入电压负反馈或电流负反馈。当负载需要稳定的电压信号时，应引入电压负反馈；当负载需要稳定的电流信号时，应引入电流负反馈。

（4）在需要进行信号变换时，应选择合适的组态。若将电流信号转换成电压信号，应引入电压并联负反馈；若将电压信号转换成电流信号，应引入电流串联负反馈；若将电流信号转换成与之成比例的电流信号，应引入电流并联负反馈；若将电压信号转换成与之成比例的电压信号，应引入电压串联负反馈。

在放大电路中引入适当的负反馈的一般方法如下：

（1）根据需求确定应引入何种组态的负反馈。

（2）根据反馈信号的取样方式（电压反馈或电流反馈）确定反馈信号应由输出回路的哪一点引出。

（3）根据反馈信号与输入信号的叠加方式（串联反馈或并联反馈）确定反馈信号应馈送到输入回路的哪一点。

（4）要注意保证反馈极性是负反馈。

【例 3.3.4】 在图 3.3.4 所示电路中要实现以下功能，根据电路判别应分别引入哪种反馈。

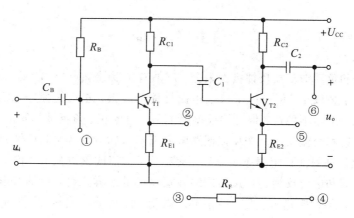

图 3.3.4　例题 3.3.4 图

（1）提高从第一级端看进去的输入电阻；

（2）输出端接上负载电阻后，输出电压保持不变。

解　（1）提高从第一级端看进去的输入电阻，即为增大放大电路的输入电阻，所以应引入串联负反馈。

（2）输出端接上负载电阻后，输出电压保持不变，即负载需要稳定的电压，应引入电压负反馈。

所以该电路应该引入电压串联负反馈，也就是将电路中的②和③、④和⑥相连，即可构成电压串联负反馈电路。

思考练习题

1. 填空题

若希望减小放大电路从信号源索取的电流，应采取_____反馈；若希望取得较强的反馈作用而信号源内阻又很大，应采用_____反馈；当负载变化时，若希望输出电流稳定，应采用_____反馈。

2. 判断题

（1）设反馈系数为 F，则电流负反馈时放大器输入阻抗上升 $1+AF$ 倍。（　　）

（2）负反馈只能改善反馈环路内的放大性能，对反馈环路外无效。（　　）

（3）电压负反馈可以稳定输出电压，流过负载的电流也就必然稳定，因此电压负反馈和电流负反馈都可以稳定输出电流，在这一点上电压负反馈和电流负反馈没有区别。（　　）

（4）在深度负反馈放大电路中，闭环放大倍数为 $A_F=1/F$，它与反馈系数有关，而与放大电路开环时的放大倍数无关，因此基本放大电路的参数无实际意义。（　　）

（5）若放大电路的负载固定，为使其电压放大倍数稳定，可以引入电压负反馈，也可以引入电流负反馈。（　　）

3. 已知一个负反馈放大电路的 $A=10^5$，$F=2\times10^{-3}$。

（1）A_F 为多少？

（2）若 A 的相对变化率为 20%，则 A_F 的相对变化率为多少？

项目 3 小结

（1）正反馈和负反馈。按反馈极性来分，反馈有正反馈和负反馈。负反馈使净输入量减小，信号放大倍数减小，但换取了放大电路性能的改善；正反馈使净输入量增大，信号放大倍数也增大，电路不稳定，但可构成振荡电路。判断正、负反馈用瞬时极性法。

（2）直流反馈和交流反馈。按反馈回路输入端信号的成分来分，反馈有直流反馈和交流反馈。直流负反馈只能稳定静态工作点，交流负反馈能改善放大电路的动态性能。

（3）电压反馈和电流反馈。按反馈网络在输出端的取样来分，反馈有电压反馈和电流反馈。电压负反馈能稳定输出电压，减小输出电阻，提高带负载能力；电流负反馈能稳定输出电流，提高输出电阻。

（4）串联负反馈和并联负反馈。按反馈网络在输入端的连接方式分，反馈有串联负反馈和并联负反馈。串联负反馈使输入电阻增加，并联负反馈使输入电阻减小。

综合反馈网络在输出端的取样及与输入端的连接方式，可知负反馈有四种组态：电压并联负反馈、电压串联负反馈、电流并联负反馈和电流串联负反馈。

（5）负反馈对放大电路的影响。直流负反馈可以稳定静态工作点；交流负反馈能稳定放大倍数，扩展通频带，减小非线性失真，抑制内部噪声和干扰，改变放大电路的输入电阻和输出电阻。反馈越深，性能改善越好，但放大倍数也下降越多。

（6）深度负反馈。在深度负反馈时，可根据放大电路的净输入信号近似等于零（净输入电压近似等于零，即虚假短路，简称"虚短"；净输入电流近似等于零，即虚假断路，简称"虚断"）的基本规律，估算出电路的参数。

项目 4　振 荡 电 路

【学习目标】

· 掌握正弦波振荡器的振荡条件、组成和分类。
· 掌握 RC 桥式振荡器的工作原理和分析方法。
· 掌握非正弦波产生电路的组成和工作原理。
· 掌握典型三角波、方波产生电路的工作原理。
· 了解石英晶体振荡电路的基本形式，理解其基本工作原理及典型电路。
· 熟悉函数发生器 ICL8038 的功能及其应用。

【技能目标】

· 会用示波器观察振荡波形的频率和幅度。
· 学会调整振荡电路频率的方法。
· 会用集成函数发生器 ICL8038 设计实用信号产生电路，并掌握调试方法。
· 能对电路中的故障现象进行分析和判断。

【任务4.1】　正弦波振荡器与非正弦波振荡器

【任务目标】

· 理解振荡电路的结构组成和起振条件。
· 掌握 RC 正弦波振荡电路的产生条件、组成和典型应用。
· 掌握正弦波振荡电路频率的估算方法。

【工作任务】

· 学会 RC 正弦波振荡电路基本特性测试的方法。
· 学会判别电路是否振荡。

4.1.1　振 荡 器 概 述

振荡器又称为信号发生器，是一种不需要外加激励，就能将直流电能自动转换成交流电能的电路。振荡器有着广泛的用途，它是无线电发送、接收设备的重要组成部分。例如，在广播、电视和通信设备的发射机中，用来产生载波信号；在各种电子测量仪器如信号发生器、频率计中作为信号源，在数字系统中作为时钟源等。

根据振荡电路产生波形的不同，可将振荡器分为正弦波振荡器和非正弦波振荡器。

使用较为普遍的一类振荡器是反馈式振荡器，它是在放大电路中加入正反馈，当正反馈足够大时，放大器产生自激振荡，变成振荡器。

反馈式振荡器是指从振荡器输出端取出部分或全部信号通过反馈网络作用到振荡器的

输入端,作为输入信号,而不必外加其他激励信号,就能产生一定频率的、等幅的、稳定信号输出的振荡器。

图 4.1.1 所示为反馈式振荡器组成原理框图。由图可见,反馈式振荡器主要由放大器和反馈网络两大部分组成。其中放大器通常是以某种选频网络作负载,用来产生一个固定的频率;反馈网络一般是由无源器件组成的线性网络。为了使振荡器产生的信号稳定,还应有一稳幅环节。可见,要构成反馈式振荡器,电路中应当具有下面四个组成部分。

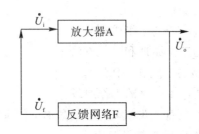

图 4.1.1 反馈式振荡器组成原理框图

(1)放大电路:能量转换装置,将直流能量转换为交流电能输出。

(2)选频网络:用于确定振荡频率,并起到滤波作用。

(3)反馈网络:用来实现正反馈,以满足相位条件。

(4)稳幅环节:用于稳定输出,决定振荡器的幅度。

反馈式振荡电路根据选频网络的不同可分为 RC 振荡电路、LC 振荡电路和石英晶体振荡电路。

 相关知识

起振条件与平衡条件

1. 起振条件

振荡器是一种将直流电能自动转换成所需交流电能的电路。它与放大器的区别在于这种转换不需外加信号的控制。那么振荡器是如何起振的呢?原因是振荡电路在刚接通电源的瞬间,晶体管中的电流从零跃变到某一数值,同时电路中还存在着各种电扰动信号(固有噪声),这些电扰动信号具有很宽的频谱,它们经过振荡器的选频网络选频后,只有其中某一个频率的信号分量在谐振回路两端产生较大的正弦电压 u_o,此正弦电压经过反馈网络作用到振荡器的输入端作为放大器最初的激励信号 u_i,u_i 再经过放大、选频、反馈又作用到放大器的输入端,在经过"放大→反馈→放大→反馈"的多次循环后,一个正弦波就产生了。可见,为了使振荡器在接通电源后能够产生正弦振荡,要求在起振时,反馈电压和输入电压在相位上应为同相位,即反馈电压为正反馈,在幅值上要求反馈电压大于前一次的输入电压,即起振条件为

$$\begin{cases} \text{振幅起振条件：} U_f > U_i \\ \text{相位起振条件：} \varphi_A + \varphi_F = 2n\pi (n=1,\ 2,\ 3,\ \cdots) \end{cases} \quad (4.1.1)$$

应当指出,电路只有在满足相位起振条件的前提下,又满足幅度起振条件,才能产生振荡,也就是式(4.1.1)的两个条件要同时成立。

2. 平衡条件

在经过"放大→反馈→放大→反馈"的循环后，振荡信号的幅度不断增大，幅值最后会稳定在某一幅度，而不是无限地增长下去，原因是随着信号振幅的增大，放大器将进入非线性区，放大器的增益随之下降，当反馈电压正好等于输入电压时，振荡信号为一个稳定的输出，我们把振荡电路此时的状态称为平衡状态。由图 4.1.1 可知，振荡电路的平衡状态条件是

$$\dot{U}_\mathrm{f}=\dot{U}_\mathrm{i} \tag{4.1.2}$$

$$\dot{U}_\mathrm{o}=\dot{A}\dot{U}_\mathrm{i} \tag{4.1.3}$$

$$\dot{U}_\mathrm{f}=\dot{F}\dot{U}_\mathrm{o} \tag{4.1.4}$$

则

$$\dot{U}_\mathrm{f}=\dot{A}\dot{F}\dot{U}_\mathrm{i} \tag{4.1.5}$$

将式(4.1.2)代入式(4.1.5)可得

$$\dot{A}\dot{F}=AF\angle(\varphi_\mathrm{A}+\varphi_\mathrm{F})=1 \tag{4.1.6}$$

$$\begin{cases} 振幅平衡条件：U_\mathrm{f}=U_\mathrm{i} \\ 相位平衡条件：\varphi_\mathrm{A}+\varphi_\mathrm{F}=2n\pi\,(n=1,\,2,\,3,\cdots) \end{cases} \tag{4.1.7}$$

图 4.1.2 所示为利用 Multisim 仿真软件演示的振荡器的起振和平衡过程。可以明显地看出，起振时，振荡器的振幅迅速增大，使晶体管工作状态由放大区进入到非线性区，以致使放大器的增益 A 下降，直至 $AF=1$ 时，振荡器的幅度不再增大，达到稳幅振荡。

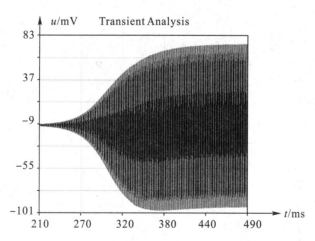

图 4.1.2　振荡器的起振和平衡过程

4.1.2　正弦波振荡器

以 RC 为选频网路的正弦波振荡电路称为 RC 正弦波振荡器，它适用于产生 1 MHz 以下的低频正弦波信号。

一、RC 文氏电桥振荡器

常见的 RC 正弦波振荡电路是 RC 桥式振荡器，也常称为文氏电桥振荡电路。

1. RC 文氏电桥振荡器组成

图 4.1.3 所示是 RC 文氏电桥振荡电路的原理图。放大环节由集成运算放大器 A、电阻 R_F 和 R_3 组成的负反馈网络实现，选频网络由串联支路 R_1、C_1 及并联支路 R_2、C_2 构成的 RC 串并联选频电路完成，正反馈网络由串联支路 R_1、C_1 实现，稳幅环节由 R_F 和 R_3 组成的电压串联负反馈网络实现。

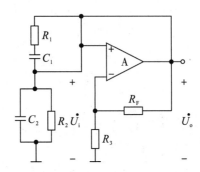

图 4.1.3　RC 文氏电桥振荡电路的原理图

2. RC 串并联选频特性

由图 4.1.4 可得到 RC 串并联网络的频率特性如图 4.1.5 所示，由此可求出该电路的传输函数为

$$\dot{F}=\frac{\dot{U}_i}{\dot{U}_o}=\frac{Z_2}{Z_1}=\frac{R_2 \big/\big/ \dfrac{1}{j\omega C_2}}{\left(R_1+\dfrac{1}{j\omega C_1}\right)+R_2 \big/\big/ \dfrac{1}{j\omega C_2}} \tag{4.1.8}$$

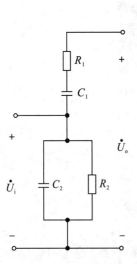

图 4.1.4　RC 串并联网络

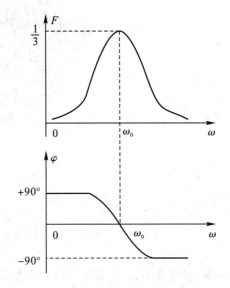

图 4.1.5　RC 串并联网络的频率特性

为了方便起见，通常取 $R=R_1=R_2$，$C=C_1=C_2$，在此条件下可求得

$$\dot{F}=\frac{\dot{U}_i}{\dot{U}_o}=\frac{Z_2}{Z_1}=\frac{R_2 /\!/ \dfrac{1}{j\omega C_2}}{\left(R_1+\dfrac{1}{j\omega C_1}\right)+R_2 /\!/ \dfrac{1}{j\omega C_2}}=\frac{1}{3+j\left(\omega RC-\dfrac{1}{\omega RC}\right)} \tag{4.1.9}$$

令(4.1.9)中的虚部为零时，可求出对应的角频率为

$$\omega_0=\frac{1}{RC} \tag{4.1.10}$$

则式(4.1.9)可写成

$$\dot{F}=\frac{1}{3+j\left(\dfrac{\omega}{\omega_0}-\dfrac{\omega_0}{\omega}\right)} \tag{4.1.11}$$

根据式(4.1.11)可分别画出 RC 串并联网络的幅频特性和相频特性，如图 4.1.5 所示，从图中可以看出，当 $\omega=\omega_0$ 时，幅频可取得最大值为 1/3，且在 $\omega=\omega_0$ 时相移角 $\varphi_F=0°$，满足相位平衡条件，即可实现正反馈。所以 RC 串并联网路具有选频特性，且电路的振荡频率为

$$f_0=\frac{1}{2\pi RC} \tag{4.1.12}$$

1）起振条件

由图 4.1.5 可知，在 $\omega=\omega_0$ 时，$\varphi_F=0°$，即满足了相位平衡条件，振荡电路为了满足振幅起振条件，即要满足式(4.1.1)，还需要求

$$AF>1 \tag{4.1.13}$$

图 4.1.3 为电压串联负反馈，则 A 为

$$A=1+\frac{R_F}{R_3} \tag{4.1.14}$$

又由图 4.1.5 可知

$$F_{max}=\frac{1}{3} \tag{4.1.15}$$

则联合式(4.1.13)～式(4.1.15)可得，该电路要起振，必满足

$$R_F>2R_3 \tag{4.1.16}$$

2）平衡条件

由于电路中存在各种噪声，其频谱很宽，在电路接通电源的时候，RC 串并联选频网路选出频率 f_0，经过放大并经正反馈，使得输出愈来愈大。而电路中的 R_F 和 R_3 组成电压串联负反馈网络，又使得 $A_{uF}=3$，电路则处在等幅振荡状态。为了克服环境等因素对电路的影响，反馈电阻 R_F 通常选用负温度系数的热敏电阻，当输出幅值增大时，流经 R_F 上的电流增大，其温度升高，阻值随之减小，电路的放大倍数 A_{uF} 下降，输出幅值减小，反之亦然，即实现了电路的稳定平衡。

RC 文氏电桥振荡器的仿真电路及输出波形如图 4.1.6 所示，其中二极管 V_{D1} 和 V_{D2} 起到稳幅的作用，从输出波形的左边可以看出电路的起振过程。

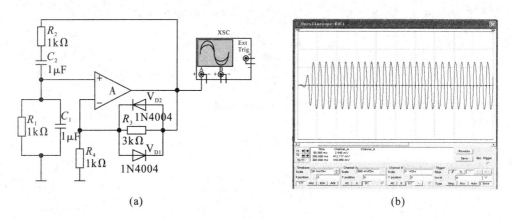

(a)　　　　　　　　　(b)

图 4.1.6　RC 文氏电桥振荡器的仿真电路及输出波形

二、LC 正弦波振荡器

LC 正弦波振荡电路是指用电感 L 和电容 C 组成选频网络构成的用于产生较高频率的正弦波振荡电路。常见的 LC 正弦波振荡电路有变压器反馈式振荡电路、电感三点式振荡电路和电容三点式振荡电路。这三种 LC 正弦波振荡电路的共同点是选频网络均采用 LC 并联谐振回路。下面我们先来学习 LC 并联谐振回路的选频特性。

LC 并联谐振回路如图 4.1.7 所示。其中 R 表示电感 L 和回路其他损耗总的等效电阻，$\dot{I}$ 是输入电流，$\dot{I}_L$ 是流经 R、L、C 的回路电流。

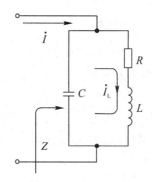

图 4.1.7　LC 并联谐振回路

1. 谐振频率 f_0

从图 4.1.7 左端看进去的等效阻抗 Z 为

$$Z = (R + j\omega L) // \frac{1}{j\omega C} \tag{4.1.17}$$

一般情况下，回路的损耗非常小，即有 $R \ll \omega L$，则式(4.1.17)的表达式可变为

$$Z \approx (R + j\omega L) // \frac{1}{j\omega C} = \frac{L/C}{R + j\omega L + \dfrac{j}{\omega C}} = \frac{L/C}{R + j\left(\omega L - \dfrac{1}{\omega C}\right)} \tag{4.1.18}$$

当式(4.1.18)中的虚部为零时，LC 并联谐振回路的阻抗为纯电阻，且为最大值，此时回路的电压和电流同相位，电路处于谐振状态。我们把电路处于谐振状态时，流经电路的

交流电所对应的频率称为谐振频率。由式(4.1.18)可解出谐振状态时的谐振角频率 ω_0 为

$$\omega_0 = \frac{1}{\sqrt{LC}} \tag{4.1.19}$$

则谐振频率 f_0 为

$$f_0 = \frac{1}{2\pi\sqrt{LC}} \tag{4.1.20}$$

2. 频率特性

由式(4.1.18)可画出 LC 谐振回路的幅频、相频特性如图 4.1.8 所示。从图中可以明显地看出，在谐振频率处，LC 谐振回路的阻抗最大，且为纯电阻，也就是说 LC 谐振回路具有选频特性。品质因数 Q 值越大，回路的谐振阻抗越大，幅频特性越尖锐，即选频特性越好。

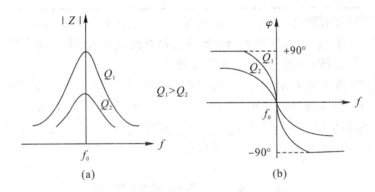

图 4.1.8　LC 并联谐振回路的幅频和相频特性

技能训练——LC 正弦波振荡器的测试

LC 正弦波振荡器仿真测试如图 4.1.9 所示，电路中各元器件参数见图。

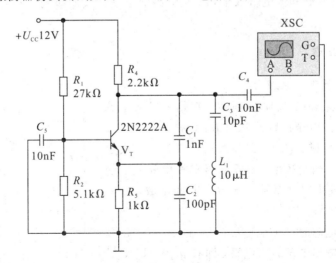

图 4.1.9　LC 正弦波振荡器仿真测试

测试步骤如下：

(1) 按图 4.1.9 所示搭建仿真电路。观察示波器上的输出电压波形，用示波器观察电

感 L_1 两端的输出电压波形，用频率计测量其输出频率，记录所测频率并与计算值 f_0 作比较，此时应有 $f_0 = $ _____。

结论：反馈式 LC 正弦波振荡电路 _____ (能/不能) 在无外加输入信号的情况下产生正弦波信号。从接通电源到振荡电路输出较稳定的正弦波振荡信号 _____ (需要/不需要) 经过一段时间，即 LC 正弦波振荡器 _____ (存在/不存在) 起振与平衡两个阶段。

（2）频率可调范围的测量：改变电容 C_2，调整振荡器的输出频率，并找出振荡器的最高频率 f_{max} 和最低频率 f_{min}，将结果填入表 4.1.1 中。

表 4.1.1　LC 振荡频率测试

$C_2/\mu F$	100	220	470	1000	2200	4700
f/kHz						

（3）振幅稳定度的测量：由原理可知电容三点式振荡器的反馈系数 $F = C_1/C_2$。按表 4.1.1 改变电容 C_2 的值，在振荡器输出端测量振荡器的输出幅度 U_o（保持发射极电压 $U_E = 1$ V），记录相应的数据，并绘制 $U_o = f(C)$ 曲线。

结论：电容三点式振荡器 _____ (能/不能) 在无外加输入信号的情况下产生正弦波信号。电容三点式振荡器的频率可调范围 _____ (较小/较大)，适用作 _____ (变频/固频) 振荡器，输出信号的频率稳定度 _____ (较好/较差)。当改变电容大小调整振荡频率时，输出信号的振幅稳定度 _____ (较好/较差)。

4.1.3　非正弦波振荡器

常见的非正弦波产生电路有方波产生电路、矩形波产生电路、三角波产生电路和锯齿波产生电路。常见的非正弦波振荡电路一般主要由电压比较器和 RC 积分电路构成。当 RC 积分电路充电常数和放电常数不相等时，高低电平持续的时间不相等，电路输出信号为矩形波。

一、方波产生电路

1. 电路组成及工作原理

方波产生电路如图 4.1.10 所示，它是由集成运算放大器构成的滞回电压比较器和由 R、C 构成的充、放电电路两大部分组成。R、C 支路既是负反馈，又决定着振荡电路方波的输出频率，由于电容 C 充电和放电的路径相同，即有充电时间常数等于放电时间常数，故电路的输出信号为方波。

令电路接通电源时，电容上无电压，即有 $u_C = 0$ V，滞回电压比较器输出电压为高电平，即有 $u_o = +U_Z$，对于滞回电压比较器的同相输入端电压 u_P，有

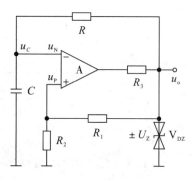

图 4.1.10　方波产生电路

$$u_P = \frac{R_2}{R_1 + R_2} U_Z = U_{TH1} \tag{4.1.21}$$

同时，输出端通过 R 支路向电容 C 充电，则电容 C 上的电压 u_C，即滞回电压比较器的同相输入端电压 $u_N(u_N = u_C)$ 由零逐渐上升，如图 4.1.11 所示的充电部分，在 $u_N < U_{TH1}$ 以前，输出电压 $u_o = +U_Z$ 保持不变，当 u_C 上升到 $u_C = U_{TH1}$ 时，滞回电压比较器发生跳转，输出电压 $u_o = -U_Z$。同时，滞回电压比较器同相输入端电压 u_P 也随之改变，即有

$$u_P = -\frac{R_2}{R_1 + R_2}U_Z = U_{TH2} \tag{4.1.22}$$

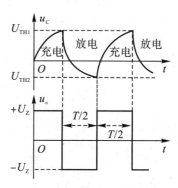

图 4.1.11　方波波形

这时，对于电阻 R，其左边电压 u_C 高于右边电压 $u_o = -U_Z$，则电容 C 开始通过电阻 R 放电，如图 4.1.11 所示的放电部分，使 u_C 逐渐下降。在 $u_N > U_{TH2}$ 以前，输出电压 $u_o = -U_Z$ 保持不变，当 u_C 下降到 $u_C = U_{TH2}$ 时，滞回电压比较器又发生跳转，输出电压 $u_o = +U_Z$。同时，滞回电压比较器同相输入端电压 u_P 也随之改变为 U_{TH1}，电容 C 又开始充电。如此周期工作循环，在电路的输出端得到周期性方波输出信号，如图 4.1.11 所示。

2. 振荡电路的振荡周期

该电路的振荡周期可根据电容充电三要素方法求出，即有

$$T = 2RC\ln\left(1 + \frac{2R_2}{R_1}\right) \tag{4.1.23}$$

利用 Multisim10 仿真的方波产生电路及输出波形如图 4.1.12 所示。

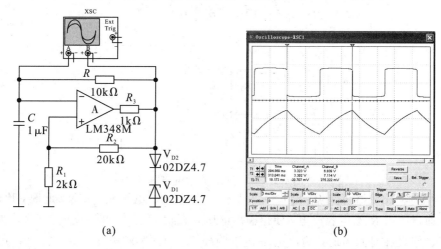

(a)　　　　　　　　　　　　　(b)

图 4.1.12　方波产生的仿真电路及波形

二、矩形波产生电路

若将图 4.1.10 加以改进，将 RC 积分电路充电时间常数和放电时间常数设计成不相等，则高低电平持续的时间不相等，电路输出信号为矩形波。改进后的电路如图 4.1.13 (a)所示，则充电电路为 R_{11} 和 V_{D1} 支路，而放电电路为 R_{22} 和 V_{D2} 支路，只要设计电阻 R_{11} 和 R_{22} 不等值，则充放电时间不相等，在输出端得到矩形波信号，如图 4.1.13(b)所示。

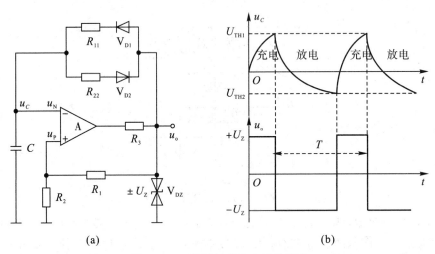

(a)   (b)

图 4.1.13　矩形波产生电路及波形

三、三角波产生电路

1. 电路组成及工作原理

三角波产生电路如图 4.1.14 所示，它是由滞回电压比较器和一个积分器构成的。图中运放 A_1 构成滞回电压比较器，运放 A_2 构成积分器，电路输出通过反馈接到滞回电压比较器的同相输入端。根据叠加原理可知，滞回电压比较器 A_1 的同相输入端电压 u_{P1} 必然由 A_1 的输出 u_{o1} 和 A_2 的输出 u_o 共同决定，即有

$$u_{P1} = \frac{R_2}{R_1 + R_2} U_Z + \frac{R_1}{R_1 + R_2} U_Z = u_o \qquad (4.1.24)$$

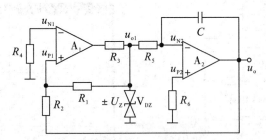

图 4.1.14　三角波产生电路图

设 $t=0$ 时，比较器 A_1 的输出 $u_{o1} = +U_Z$，电容两端的电压 $u_C = 0$ V，此时，比较器的输出电压通过电阻 R_5 给电容充电，使得输出电压 u_o 随时间线性下降（反向积分），则 u_{P1} 也随之下降。假设在时间 t_1 时，输出电压 u_o 下降使 A_1 的同相端电压 $u_{P1} = u_{N1} = 0$，则 u_{o1} 从 $+U_Z$ 跳变为 $-U_Z$，则积分电路中的电容 C 通过 R_5 放电，使输出电压 u_o 随时间线性上升。

在时间 t_2 时,当输出电压 u_o 上升到使 A_1 的同相端电压再次满足 $u_{P1} = u_{N1} = 0$ 时,u_{o1} 又从 $-U_z$ 跳变为 $+U_z$,电容 C 再次开始充电。如此周期工作循环,在电路的输出端得到周期性三角波输出信号,如图 4.1.15 所示。

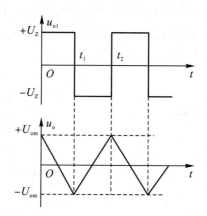

图 4.1.15 三角波波形

2. 电路振荡周期

三角波输出幅值为

$$U_{om} = \pm \frac{R_1}{R_2} U_z \tag{4.1.25}$$

振荡周期 T 为

$$T = 4 R_5 \frac{U_{om}}{U_z} = \frac{4R_5 R_1 C}{R_2} \tag{4.1.26}$$

振荡频率 f 为

$$f = \frac{1}{T} = \frac{R_2}{4R_5 R_1 C} \tag{4.1.27}$$

利用 Multisim10 仿真的三角波产生电路及输出波形如图 4.1.16 所示。

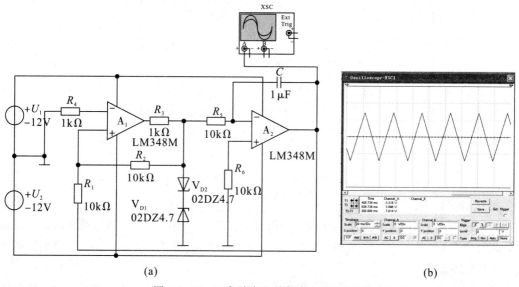

(a)　　　　　　　　　　　　　　(b)

图 4.1.16 三角波产生的仿真电路及波形

四、锯齿波产生电路

根据锯齿波的特点，只需将电路图 4.1.14 中电容的充电和放电电路设计成不同的支路，使得充放电时间不等，即可得到锯齿波。通常使用二极管的单向导电性，使电容 C 的充放电路径不同，从而使输出波形上升和下降的斜率不同，这样就可以产生锯齿波。锯齿波产生电路及波形如图 4.1.17 所示。

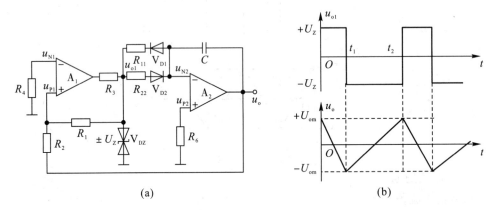

图 4.1.17　锯齿波产生电路及波形

技能训练——RC 正弦波振荡器的测试

RC 正弦波振荡器仿真测试如图 4.1.18 所示，电路中各元器件参数见图。

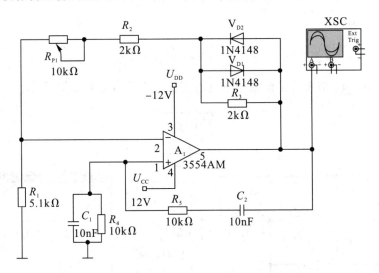

图 4.1.18　RC 正弦波振荡器仿真测试

测试步骤如下：

（1）按图 4.1.18 所示搭建仿真电路，观察示波器上的输出电压波形，测试输出电压幅度，此时应有 $U_{om}=$ _____；测试输出电压频率，此时应有 $f=$ _____。与理论值相比较，分析误差原因。

（2）保持步骤（1），改变电容 C_1、电容 C_2 的容值为 30 nF，测试输出电压幅度，此时应

有 $U_{om} =$ _____；测试输出电压频率，此时应有 $f =$ _____。

(3) 保持步骤(1)，改变电阻 R_1、R_3 的阻值均为 3.3 kΩ，测试输出电压幅度，此时应有 $U_{om} =$ _____；测试输出电压频率，此时应有 $f =$ _____。

结论：RC 振荡器的频率主要和_____有关。

思考练习题

1. 选择题

(1) 在 RC 桥式正弦波振荡电路中，当满足相位起振条件时，则其中电压放大电路的放大倍数必须满足(　　)才能起振。

A. $A_u = 1$　　　　　　B. $A_u = 3$　　　　　　C. $A_u < 3$　　　　　　D. $A_u > 3$

(2) 正弦波振荡电路的输出信号最初是由(　　)中而来。

A. 基本放大电路　　　B. 干扰或噪音信号　　　C. 选频网络

(3) 正弦波振荡电路的振荡频率由(　　)而定。

A. 基本放大电路　　　B. 反馈网络　　　　　　C. 选频网络

2. 填空题

(1) 电路产生自激振荡的条件是：幅度条件为_____，相位条件为_____。

(2) 正弦波振荡电路一般由四部分组成，即 _____、_____、选频网络和_____。

(3) 实际的正弦波振荡电路为了保证振荡幅值稳定且波形较好，常常还需要_____环节。

(4) 制作频率为 20 Hz～20 kHz 的音频信号发生电路，应选用_____正弦波振荡电路；制作频率为 2～20 MHz 的接收机的本机振荡器，应选用_____正弦波振荡电路；制作频率非常稳定的测试用信号源，应选用_____正弦波振荡电路。

3. 判断题

(1) 振荡器具有较稳定振荡的原因是振荡系统中具有选频网络。(　　)

(2) 只要电路引入了正反馈，就一定会产生正弦波振荡。(　　)

(3) 稳定振荡器中晶体三极管的静态工作点，有利于提高频率稳定度。(　　)

(4) 从结构上来看，正弦波振荡器是一个没有输入信号的带选频网络的正反馈放大器。(　　)

(5) 只要有正反馈，电路就一定能产生正弦波振荡。(　　)

(6) 负反馈电路不可能产生振荡。(　　)

(7) 在正弦波振荡电路中，只允许存在正反馈，不允许引入负反馈。(　　)

(8) 自激振荡器中如没有选频网络，就不可能产生正弦波振荡。(　　)

(9) 对 LC 正弦波振荡器，反馈系数越大，必然越易起振。(　　)

(10) 对于正弦波振荡器，只要不满足相位平衡条件，即使放大电路的放大系数很大，也不可能产生正弦波振荡。(　　)

4. 图 4.1.19 所示是 RC 桥式振荡电路，已知 $R_F = 10$ kΩ。

(1) 为保证振荡电路正常工作，R_3 应为多少？

（2）求振荡频率 f_0；

（3）若用一个热敏电阻 R_T 去取代电阻 R_3，则 R_T 应具有怎样的温度特性？

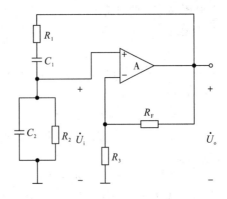

图 4.1.19　第 4 题图

【任务目标】
· 了解石英晶体的基本知识。
· 熟悉晶体振荡器的组成原则和典型电路。

【工作任务】
· 能正确使用石英晶体振荡器。

4.2.1　石英晶体振荡器概述

LC 振荡器的频率稳定度大约为 $10^{-3} \sim 10^{-2}$ 数量级，如果要求频率稳定度过高，就必须采用石英晶体振荡器，因为石英晶体振荡器的稳定度可达 $10^{-10} \sim 10^{-9}$ 数量级。

石英晶体振荡器，简称石英晶体。将二氧化硅（SiO_2）结晶体按一定的方向切割成很薄的晶片，再将晶片两个对应的表面抛光和涂敷银层，并作为两个极引出管脚，加以封装，就构成石英晶体振荡器，其结构示意图和符号如图 4.2.1 所示。

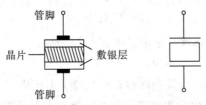

图 4.2.1　石英晶体结构示意图和符号

一、压电效应

在石英晶体两个管脚加交变电场时，就会产生与电场强度成正比的机械形变；反之，当石英晶体受到机械力作用而发生形变时，晶体内将产生一定的交变电场，此现象称为压电效应。因此，若在石英晶体两端加一高频交流电压，就会产生机械形变，而这种机械振动又会产生交变电场，当交变电场的频率为某一特定值时，产生共振（谐振），振幅最强，这一特定频率就是石英晶体的固有频率，也称谐振频率。

二、石英晶体的等效电路和振荡频率

石英晶体的实物图及等效电路如图 4.2.2 所示。当石英晶体不振动时，可等效为一个普通电容 C_0，称为静态电容，其值决定于晶片的几何尺寸和电极面积，一般约为几 pF 到几十 pF。当晶体产生振动时，机械振动的惯性等效为动态电感 L_q，其值为几 mH。晶片的弹性等效为电容 C_q，其值仅为 $0.01 \sim 0.1$ pF，因此，$C_q \ll C_0$。晶片的摩擦损耗等效为电阻 R_q，其值约为 100 Ω。

图 4.2.2　石英晶体实物图及等效电路

当加在晶体两端的信号频率很低时，两个支路的容抗都很大，电路总的等效阻抗为容性；随着信号频率的增加，容抗减小，当 C_q 的容抗等于 L_q 的感抗时，L_q、C_q 支路发生串联谐振，此时的谐振频率称为晶体的串联谐振频率，用 f_s 表示。可得

$$f_s = \frac{1}{2\pi\sqrt{L_q C_q}} \tag{4.2.1}$$

随着频率继续升高，L_q、C_q 支路呈感性，当串联总感抗刚好等于 C_0 的容抗时，电路再次发生谐振，此时的谐振频率称为晶体的并联谐振频率，用 f_p 表示。可得

$$f_p = \frac{1}{2\pi\sqrt{L_q \dfrac{C_0 C_q}{C_0 + C_q}}} = f_s \frac{1}{2\pi\sqrt{1 + \dfrac{C_q}{C_0}}} \approx f_s \tag{4.2.2}$$

当频率继续升高时，支路的容抗减小，对回路的分流起主要作用，回路总的电抗又成容性。根据以上分析，可得石英晶体的频率-电抗特性曲线如图 4.2.3 所示。由式（4.2.2）可知，虽然 f_s 和 f_p 相差很小，但石英晶体就是工作在这个频率范围狭窄的感性区域内。

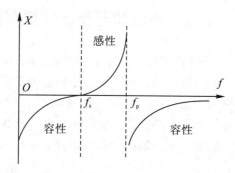

图 4.2.3　石英晶体频率-电抗特性曲线

由石英晶体构成的振荡器称为石英晶体振荡器。根据石英晶体在振荡器中应用方式的不同可分为并联型石英晶体振荡器和串联型石英晶体振荡器两种。

4.2.2　并联型石英晶体振荡器

并联型石英晶体振荡器的工作原理和一般三点式 LC 振荡器相同，只是把其中的一个电感元件用晶体置换，并与回路其他元件一起按照三点式振荡器的构成原则组成振荡器。目前应用较广泛的是类似于考比兹的皮尔斯晶体振荡器，如图 4.2.4(a) 所示，晶体在电路中相当于一电感，图 4.2.4(b) 为其交流等效电路。可以看出，此电路实质上是一个西勒电路。其中 C_3 用来微调振荡频率，使振荡器振荡在晶体的固有频率上，并减少石英晶体与晶体管之间的耦合。石英晶体的振荡频率 f_0 为

$$f_0 = \frac{1}{2\pi\sqrt{L_q \dfrac{C_q(C_0+C_3)}{C_0+C_q+C_3}}} = \frac{1}{2\pi}\frac{1}{\sqrt{L_q C_q}}\sqrt{1+\frac{C_q}{C_0+C_3}} \approx f_s\sqrt{1+\frac{C_q}{C_0+C_3}} \quad (4.2.3)$$

又知 $C_q \ll C_0 + C_3$，故有 $f_0 \approx f_s$。

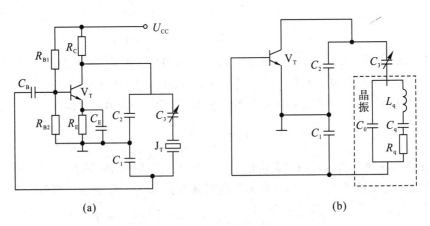

| (a) | (b) |

图 4.2.4　并联型石英晶体振荡器及其等效电路

可见，该振荡器的频率近似等于晶体的串联谐振频率 f_s，与其他参数关系不大，所以说并联型晶体振荡器的频率稳定度很高。

4.2.3　串联型石英晶体振荡器

图 4.2.5(a) 所示是一种串联型石英晶体振荡电路，图(b)为它的等效电路。由图可见，该电路与电容三点式振荡器十分相似，只是反馈信号要经过石英晶体后，才送到输入端，只有当电路的频率等于晶体的串联谐振频率 f_s 时，反馈支路才发生串联谐振，此时支路阻抗很小，可认为是短路，正反馈最强，电路满足自激振荡条件而产生振荡。所以，振荡器频率以及频率稳定度完全取决于石英晶体，振荡器的频率稳定度得到了大大提高。

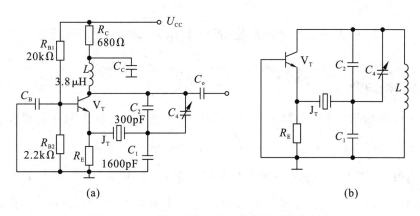

图 4.2.5　串联型石英晶体振荡器及其等效电路

思考练习题

1. 选择题

利用石英晶体的电抗频率特性构成的振荡器是(　　)

A. 当 $f＝f_s$ 时，石英晶体呈感性，可构成串联型晶体振荡器

B. 当 $f＝f_s$ 时，石英晶体呈阻性，可构成串联型晶体振荡器

C. 当 $f_s＜f＜f_p$ 时，石英晶体呈阻性，可构成串联型晶体振荡器

D. 当 $f_s＜f＜f_p$ 时，石英晶体呈感性，可构成串联型晶体振荡器

2. 填空题

(1) 在串联型石英晶体振荡电路中，晶体等效为_____；而在并联型石英晶体振荡电路中，晶体等效为_____。

(2) 为了得到频率稳定度高的正弦波信号，应采用_____振荡电路。

(3) 石英晶体振荡电路的振荡频率基本上取决于_____。

【任务 4.3】　集成函数发生器 ICL8038

【任务目标】

· 熟悉 ICL8038 的结构与功能。

· 掌握 ICL8038 的典型应用。

【工作任务】

· 会利用 ICL8038 组建相应的函数发生器。

函数发生器一般是指能产生正弦波、方波、三角波等电压波形的电路或仪器设备，主要用于生产测试、仪器维修、实验教学和工业控制等方面。其电路组成可以由运放及分离元件构成，也可以采用单片集成函数发生器实现。

随着大规模集成电路的迅速发展，目前市场上的集成函数发生器种类繁多，其中ICL8038 就是使用最为常见的一种。

4.3.1　ICL8038集成电路的结构及管脚排列

一、电路结构简介

ICL8038 的内部组成框图如图 4.3.1 所示,其中电压比较器 A 和 B 的阈值电压分别为 $\frac{2}{3}(U_{CC}+U_{EE})$ 和 $\frac{1}{3}(U_{CC}+U_{EE})$,电流源 I_1 与 I_2 的大小可以通过外接电阻调节,但要保证 $I_2 > I_1$。当触发器的输出为低电平时,电流源 I_2 断开,电流源 I_1 给电容 C 充电,电容两端的电压 u_C 随时间上升,当上升到 $\frac{2}{3}(U_{CC}+U_{EE})$ 时,电压比较器 A 的输出电压发生跳变,使得触发器的输出电压变为高电平,电流源 I_2 接通。由于 $I_2 > I_1$,因此电容放电,u_C 随时间下降,当下降到 $\frac{1}{3}(U_{CC}+U_{EE})$ 时,电压比较器 B 的输出电压发生跳变,使触发器又变为低电平,此时,它又控制电子开关断开电流源 I_2,I_1 再次给电容 C 充电,u_C 随时间上升,如此反复,在第 3 管脚产生振荡波。

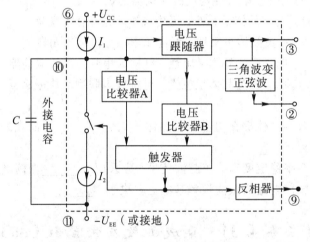

图 4.3.1　ICL8038 的内部组成框图

若取 $I_2 = 2I_1$,则电容 C 充放电时间常数相等,触发器输出方波,经反相器由第 9 管脚输出方波电压,此时 u_C 上升与下降的时间相等,通过电压跟随器由第 3 管脚输出三角波。三角波电压通过电路内部的三角波变正弦波变换电路,由第 2 管脚输出正弦波电压。

若 $I_1 < I_2 < 2I_1$,则 C 充放电时间常数不相等,即 u_C 上升和下降的时间不等,这时由第 3 管脚输出锯齿波电压,由第 9 管脚输出矩形波电压。

可见,ICL8038 可输出方波、三角波、锯齿波和正弦波等电压波形。

二、管脚排列

ICL8038 为塑封双列直插式集成电路,其管脚排列如图 4.3.2 所示,实物如图 4.3.3 所示。各管脚功能为:1 脚和 12 脚为正弦波失真度调整端,改变外加电压值,可以改善正弦波失真;2 脚为正弦波输出端;3 脚为三角波输出端;9 脚为矩形波输出端,因管脚 9 为集电极开路形式，所以一般在管脚 9 和外接正电源之间接一个电阻，通常取 $10\ \mathrm{k\Omega}$ 左右；4 脚和 5 脚外接电阻，可以调整三角波的上升和下降时间；8 脚为调频电压输入端，调频电压是指加在脚 6 和脚 8 之间的电压，它的值不应超过 $\frac{1}{3}(U_{CC}+U_{EE})$；7 脚为调频偏置电压输出端，调频偏置电压是指 6 脚和 7 脚之间的电压，其值为 $\frac{1}{5}(U_{CC}+U_{EE})$，可以作为管脚 8 的输入电压，使用时脚 7 和脚 8 可直接相连。

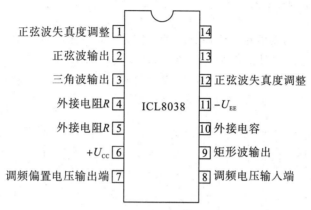

图 4.3.2　ICL8038 管脚排列

图 4.3.3　ICL8038 实物图

4.3.2　ICL8038 集成多功能信号发生器的特点

ICL8038 是一款性能优良的集成函数发生器，由于其只需要很少的外部条件，故易于使用。其构成电路的特点有：

（1）既可用单电源供电，也可用双电源供电。单电源供电时，将管脚 11 接地，管脚 6 接 $+U_{CC}$，其值为 $10\sim30\ \mathrm{V}$；双电源供电时，管脚 11 接 $-U_{EE}$，管脚 6 接 $+U_{CC}$，$+U_{CC}$、$-U_{EE}$ 取值范围为 $\pm5\sim\pm15\ \mathrm{V}$。

（2）振荡频率范围宽，频率稳定性好。频率范围是 $0.001\ \mathrm{Hz}\sim300\ \mathrm{kHz}$，发生温度变化时产生低的频率漂移，频率温漂仅 $50\ \mathrm{ppm/℃}(1\ \mathrm{ppm}=10^{-6})$。

（3）输出波形的失真小。正弦波输出具有低于 1% 的失真度；三角波输出具有 0.1% 高线性度。

（4）矩形波占空比的调节范围很宽，$D=1\%\sim99\%$，由此可获得窄脉冲、宽脉冲或方波。

（5）外围电路非常简单，易于制作。通过调节外部阻容元件值，即可改变振荡频率，产生正弦波、矩形波、三角波等波形。

4.3.3　ICL8038 集成多功能信号发生器的应用

一、ICL8038 的基本接法

ICL8038 集成多功能信号发生器有两种工作方式，即输出函数信号的频率调节电压可以由内部供给，也可以由外部供给。如图 4.3.4 所示为 ICL8038 最常见的由内部供给偏置电压调节的两种基本接法，由于 ICL8038 第 9 管脚，也就是矩形波输出端为集电极开路形式，所以常常需要外接电阻 R_L 到电源电压 $+U_{CC}$。

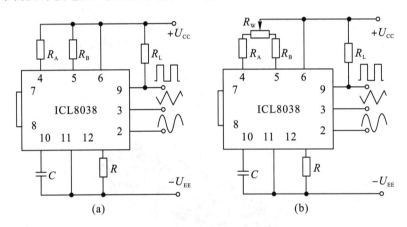

图 4.3.4　ICL8038 的基本接法

图 4.3.4(a) 中 R_A 和 R_B 作为固定电阻，分别接在 ICL8038 的第 4 和第 5 管脚上。图 4.3.4(b) 中 R_A 和 R_B 作为可调电阻，它们两者之间串接了一个可调电阻 R_W，R_W 调节端与电源相连，R_A 和 R_B 的另一端分别接在 ICL8038 的第 4 和第 5 管脚上。

因为图 4.3.4(a) 中 R_A 和 R_B 分别独立，所以得到的波形比较好，其中 R_A 控制着三角波、正弦波的上升段和矩形波的高电平。根据 ICL8038 内部电路和外接电阻 R_A 和 R_B 及外接电容 C 可以推导出三角波、正弦波的上升段和矩形波的高电平持续时间 t_1 的表达式为

$$t_1=\frac{R_A C}{0.66} \tag{4.3.1}$$

三角波、正弦波的下降段和矩形波的低电平持续时间 t_2 的表达式为

$$t_2=\frac{R_A R_B C}{0.66(2R_A-R_B)} \tag{4.3.2}$$

由式（4.3.1）和式（4.3.2）可得到基于 ICL8038 的三角波、正弦波和矩形波的频率计算公式为

$$f=\frac{1}{t_1+t_2}=\frac{1}{\dfrac{R_A C}{0.66}\left(1+\dfrac{R_B}{2R_A-R_B}\right)} \tag{4.3.3}$$

如果令 $R_A = R_B = R$，则可以得到对称的三角波、方波和正弦波的频率为

$$f = \frac{0.33}{RC} \tag{4.3.4}$$

为了减小正弦波输出失真，接在管脚 11 和 12 之间的电阻 R 最好是可调电阻。通过细调这一电阻，可使正弦波失真度小于 1%。

二、ICL8038 的典型应用

ICL8038 函数发生器所产生的正弦波是由三角波经非线性网络变换而获得的，该芯片的第 1 脚和第 12 脚就是为调节输出正弦波失真度而设置的。图 4.3.5 所示为一个调节输出正弦波失真度的典型应用，其中第 1 脚调节振荡电容在充电时间过程中的非线性逼近点，第 12 脚调节振荡电容在放电时间过程中的非线性逼近点，在实际应用中，两只 100 kΩ 的电位器应选择多圈精度电位器，反复调节，可以达到很好的效果，调整它们可使正弦波失真度减小到 0.5%。在 R_A 和 R_B 不变的情况下，调整 R_{w1} 可使电路振荡频率最大值与最小值之比达到 100∶1。在管脚 8 与管脚 6 之间直接加输入电压调节振荡频率，最高频率与最低频率之比可达 1000∶1。图中在 R_A 和 R_B 处串接了一个 1 kΩ 的电位器 R_w，其作用是调节正弦波的失真度和改变方波占空比。当电位器的移动端处于中间位置使 $R_A = R_B$ 时，产生占空比为 50% 的方波信号。

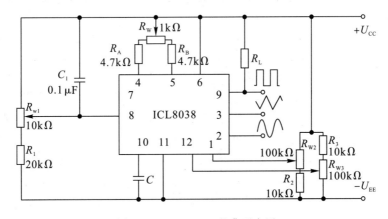

图 4.3.5　ICL8038 的典型应用

～～～～ 思考练习题 ～～～～

在图 4.3.4 中，电阻 $R_A = R_B = 5.1$ kΩ，电容 $C = 2.2$ μF。

（1）计算出该电路输出波形的频率。

（2）利用 Proteus 按图 4.3.4 绘制仿真电路图，观测输出波形，并用频率计测出该电路的频率。

项目 4 小结

（1）信号发生器一般称为振荡器，用于产生一定频率和幅值的电信号，一般分为正弦

波振荡器和非正弦波振荡器两大类。正弦波振荡器一般分为 RC 振荡器、LC 振荡器和石英晶体振荡器。非正弦波振荡器一般分为方波振荡器、三角波振荡器和锯齿波振荡器等。

（2）正弦波振荡器是利用选频网络，通过正反馈产生自激振荡的反馈型电路，它一般由放大电路、正反馈网络、选频网络以及稳幅电路所组成。

（3）RC 正弦波振荡器一般用于产生 1 MHz 以下的低频信号，通常有文氏电桥振荡器和移相式振荡器。其中文氏电桥振荡器是最常用的一种 RC 振荡器。

（4）LC 正弦波振荡器一般用于产生 1 MHz 以上的正弦波信号，通常有变压器耦合式、电容三点式和电感三点式三种电路形式，其输出信号频率基本由 LC 谐振回路的谐振频率所决定，三点式振荡电路在实际中较为常用。

（5）三点式振荡电路的组成特点是：三极管的 BE、CE 间接相同性质的电抗，而 BC 间则接与 BE、CE 间电抗特性相反的电抗，只要电路连接正确，一般就可以产生振荡。

（6）石英晶体振荡器是利用频率稳定度极高的石英晶体谐振器作为选频网络，从而使电路输出频率非常稳定。它是一种极为常用的振荡器，一般有串联型和并联型两种电路形式。

（7）ICL8038 多功能集成函数发生器既可以产生方波信号，同时也可以产生三角波和正弦波信号，而且可以通过外部控制电路，产生占空比可调的矩形波和锯齿波信号，它们的振荡频率还可以通过外加直流电压进行调节，是一种压控集成信号发生器，ICL8038 有着广泛的应用领域。

项目 5　功率放大电路

【学习目标】
- 掌握功率放大器的技术指标。
- 掌握互补对称功率放大电路的工作原理，并能进行功率估算。
- 熟悉常用集成功率放大器的型号和特性。
- 掌握集成功率放大器的典型应用。

【技能目标】
- 能识别常见集成功率放大器。
- 能正确识别集成功放，知晓集成功放的用途。
- 能按照电路正确连接使用集成功放。

【任务 5.1】　功率放大器

【任务目标】
- 了解功率放大器的特点和分类。
- 熟悉乙类互补对称功率放大电路的组成、分析和计算。
- 熟悉甲乙类互补对称功率放大电路的工作原理及计算。

【工作任务】
- 会安装功放电路，并能正确调试和测试。
- 会正确选择功放管。

5.1.1　功率放大电路的特点和分类

前面章节中我们已经学习了电压放大，它的主要技术指标有电压放大倍数、输入电阻和输出电阻等，输入信号为小信号。而在电子电路设备的输出级或末级一般都要将信号放大到具有足够的能量以驱动不同类型的负载，如我们所熟悉的收音机电路的输出级需要一定的能量来驱动扬声器，使之发出声音。我们将输出级中能向负载提供一定能量的放大电路称为功率放大电路，简称功放。从能量控制转换的角度来看，功率放大电路与前面介绍过的电压放大电路都是能量控制电路，只是它们各自完成的任务不同而已。

一、功率放大电路的特点

由于功率放大电路的主要任务是提供给负载比较大的输出功率，因此相对于前面介绍的电压放大电路，功率放大电路具有如下特点：

（1）输出功率（P_o）要足够大。

输出功率 P_o 是指交变电压和交变电流的乘积，也就是交流功率。功率放大器的主要任务是在具有一定失真（或失真尽可能小）的情况下向负载提供充足的输出功率，以驱动负载。也就是说，输出信号中不仅要求电压幅值要大，电流幅值也要大，而且要尽可能失真小。因此，功率放大器中的三极管往往工作在接近极限参数的状态下。若令经过某功率放大电路后的输出信号 $u_o(t) = U_{om}(\cos\omega_0 t + \varphi_0)$，则输出功率 P_o 的表达式为

$$P_o = \frac{U_{om}}{\sqrt{2}} \times \frac{I_{om}}{\sqrt{2}} = \frac{1}{2} U_{om} I_{om} = U_o I_o \tag{5.1.1}$$

式中，U_{om}、I_{om} 分别表示在负载 R_L 上的输出电压和输出电流的振幅；U_o、I_o 分别表示输出电压和输出电流的有效值。

在实际使用中，我们尽可能地希望在负载上得到最大的输出功率，但同时在得到最大输出功率的同时，电路内部消耗和电源提供的能量也大，所以在选用功放时，也要考虑转换效率和散热的问题。

（2）转换效率（η）要高。

功率放大器输出端的交流功率实质上是将电源供给的直流能量转换成交流信号而得到的。如果功率放大器的效率不高，不仅造成能量的浪费，而且消耗在电路内部的功率将转换为热量，使某些元器件如三极管损坏。故此，引入转换效率 η 来定量反映功率放大电路能量转换效率的高低。

功率放大电路的效率 η 定义为

$$\eta = \frac{P_{om}}{P_V} \times 100\% \tag{5.1.2}$$

式中，P_{om} 为信号的最大输出功率，P_V 为直流电源向电路提供的直流功率。效率 η 反映了功率放大器把电源的直流功率转换成输出交流信号功率的能力。效率越高，转换能力越强。

（3）非线性失真（non-linear distortion）要小。

由于三极管是非线性器件，且功率放大器一般置于电路的末级，故功放三极管均处在大信号工作状态下，加之三极管器件本身的非线性问题，因而输出信号不可避免地会产生一定的非线性失真。谐波成分愈大，表明非线性失真愈大，通常用非线性失真系数 γ 表示，它等于谐波总量和基波成分之比。通常情况下，输出功率愈大，非线性失真就愈严重。因此，对于功率放大器来讲，在保证最大输出功率的同时，尽可能减小其非线性失真，应根据负载的要求将输出功率限制在规定的失真度范围之内。

（4）散热要好。

在功率放大电路中，电源提供的直流功率一部分转换为负载的有用功率，而另一部分则消耗在功率管上，使功放管发热，导致功放管性能变差，甚至被烧坏。为了使功放管输出足够大的功率，又保证其安全可靠地工作，大部分的功放管都需要额外安装散热片来加以保护。

综上所述，对于功率放大电路，要求其输出波形失真要尽可能小，效率要尽可能高，同时在功率三极管安全的前提下，输出功率要尽可能高。

二、功率放大电路的分类

功率放大电路的形式很多，可根据不同的方面进行划分。

1. 按放大信号频率分类

按放大信号频率不同，可将功率放大器分为低频功率放大器（简称低放）和高频功率放

大器(简称高放)两类。低放主要用于放大音频信号(几十 Hz~几十 kHz),如扬声器发出的声音等;高放主要用于放大射频信号(几百 kHz~几千 kHz,甚至几万 MHz),如手机信号塔、广播电视台发射的信号等。高放在本书不作介绍。

2. 按导通角分类

所谓导通角,亦即导通时间,是指信号在一个周期内使得功放管导通的时间或角度。功率放大器按照导通角可分为甲类、乙类、甲乙类和丙类四种,如图 5.1.1 所示。

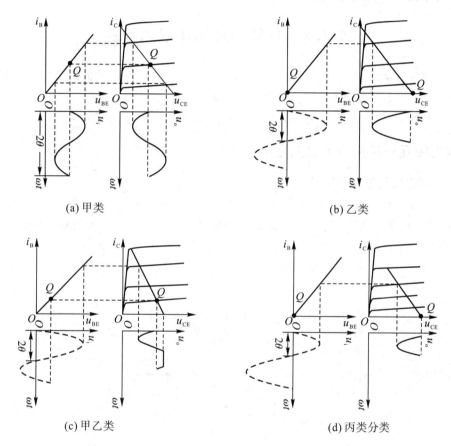

(a) 甲类

(b) 乙类

(c) 甲乙类

(d) 丙类分类

图 5.1.1 功率放大器分类

这里以共射极放大电路为例。甲类功率放大器的特征是静态工作点 Q 设在放大区的中部,在输入信号的整个周期内,三极管都导通,即导通角 $2\theta=360°$($\theta=180°$ 称为通角),如图 5.1.1(a)所示;乙类功率放大器的静态工作点设置在截止区,在输入信号的整个周期内,三极管仅在半个周期内导通,即导通角 $2\theta=180°$($\theta=90°$),如图 5.1.1(b)所示;甲乙类功率放大器介于甲类和乙类放大器之间,在输入信号的整个周期内,三极管在大半个周期内导通,即导通角 $180°<2\theta<360°$($90°<\theta<180°$),如图 5.1.1(c)所示;丙类功率放大器的特征是在输入信号的整个周期内,三极管在小半个周期内导通,即导通角 $0°<2\theta<180°$($0°<\theta<90°$),如图 5.1.1(d)所示。

3. 按构成器件分类

按构成器件,可将功率放大器分为分立元器件功率放大器和集成功率放大器。分立元器件功放调试比较复杂,容易受到外界干扰;而集成功放则使用方便,调试简单,应用广泛。

4. 按电路结构分类

按电路结构，可将功率放大器分为单管功率放大器、变压器耦合推挽功率放大器和互补式无变压器耦合的对称功率放大器。单管功率放大器的效率低，变压器耦合推挽功率放大器的体积大、干扰较高、不容易集成，因此两者的使用都受到一定的限制。互补式无变压器耦合的对称功率放大器具有结构简单、体积小、易于集成的特点，因而得到广泛应用。互补式无变压器耦合的对称功率放大器常见的有 OTL 和 OCL 两种形式。

5.1.2 互补对称功率放大电路

互补对称功率放大电路是互补式无变压器耦合的对称功率放大器的简称，它常见的形式有双电源互补对称功率放大电路(OCL，Output Capacitorless 无输出电容)和单电源互补对称功率放大电路(OTL，Output Transformerless 无输出变压器)。

一、双电源互补对称功率放大电路

1. 电路组成及工作原理

双电源互补对称功率放大电路 OCL 如图 5.1.2 所示，图中 V_{T1} 为 NPN 型三极管，V_{T2} 为 PNP 型三极管。V_{T1}、V_{T2} 的基极和发射极分别连接在一起，输入信号 u_i(正弦信号)从两个管子的共基极输入，输出信号 u_o 从两个管子的共射极输出，R_L 为负载电阻。很明显，OCL 实际上是两个射极输出器的组合。

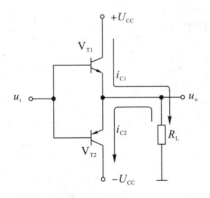

图 5.1.2 OCL 电路

为保证工作状态良好，要求电路具有良好的对称性，即 V_{T1} 和 V_{T2} 管特性对称，且正电源 $+U_{CC}$ 和负电源 $-U_{CC}$ 也对称。当 $u_i=0$ 时，偏置为零，也就是说 V_{T1}、V_{T2} 工作在乙类工作状态。在图 5.1.2 所示的 OCL 电路中，当 $u_i=0$(静态)时，由于 V_{T1} 和 V_{T2} 均无偏置，因此两个管子均处在截止状态，输出 $u_o=0$。

当 $u_i>0$ 时，在输入信号 u_i 的正半周，假设为上正下负，V_{T1} 和 V_{T2} 的共基极电压升高，V_{T1} 此时为正向偏置导通，V_{T2} 此时为反向偏置截止，所以 V_{T1} 的集电极电流 i_{C1} 从电源 $+U_{CC}$ 经 V_{T1} 的集电极流向发射极再流经负载 R_L 到公共端，R_L 上得到被放大了的负半周信号，此时输出电压 $u_o<0$，为图 5.1.3 所示的前半周期。

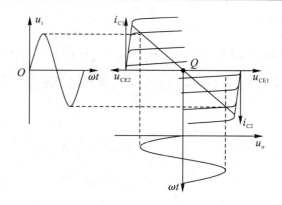

图 5.1.3　OCL 电路图解

当 $u_i < 0$ 时，在输入信号 u_i 的负半周，即为上负下正，V_{T1} 和 V_{T2} 的共基极电压降低，V_{T1} 此时为反向偏置截止，V_{T2} 此时为正向偏置导通，所以 V_{T2} 的集电极电流 i_{C2} 从公共端经负载 R_L 流向 V_{T2} 的发射极再流到负电源 $-U_{CC}$，R_L 上得到被放大了的正半周信号，此时输出电压 $u_o > 0$，为图 5.1.3 所示的后半周期。

由上可见，在输入信号 u_i 变化的一个周期内，V_{T1} 和 V_{T2} 分别放大信号的正、负半周，使负载 R_L 上获得一个周期的完整的正弦波形。由于电路中的 V_{T1} 和 V_{T2} 交替工作，我们把这种交替工作的方式也称为推挽工作状态，又由于两个管子为乙类工作状态，所以把这种电路称为乙类推挽功率放大器。

2. 性能指标估算

1）输出功率 P_o

由图 5.1.3 可知输出功率 P_o 为

$$P_o = \frac{U_{CEm}}{\sqrt{2}} \times \frac{I_{Cm}}{\sqrt{2}} = \frac{1}{2} U_{CEm} I_{Cm} = \frac{1}{2} \frac{U_{CEm}^2}{R_L} \tag{5.1.3}$$

当考虑功放管的饱和压降 U_{CEs} 时，功放电路输出电压的最大幅值为 $U_{CEm} = U_{CC} - U_{CEs}$，此时输出功率为最大不失真输出功率 P_{om}，有

$$P_{om} = \frac{U_{CC} - U_{CEm}}{\sqrt{2}} \times \frac{I_{Cm}}{\sqrt{2}} = \frac{1}{2} (U_{CC} - U_{CEm}) I_{Cm} = \frac{1}{2} \frac{(U_{CC} - U_{CEm})^2}{R_L} \tag{5.1.4}$$

当做估算时，即理想状态下，$U_{CEs} = 0$，则有

$$P_{om} = \frac{U_{CC} - 0}{\sqrt{2}} \times \frac{I_{Cm}}{\sqrt{2}} = \frac{1}{2} U_{CC} I_{Cm} = \frac{1}{2} \frac{U_{CC}^2}{R_L} \tag{5.1.5}$$

2）效率 η

由式(5.1.2)可知，要求出功放的效率 η，先要求出电源供给的功率 P_V。在乙类互补推挽功率放大电路中，两个功放管是交替工作的，每个功放管的集电极电流的波形如图 5.1.4 所示，则其平均值 I_{AV} 为

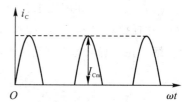

图 5.1.4　功放管的集电极电流波形

$$I_{AV} = \frac{1}{T} \int_0^T i_C \, \mathrm{d}(\omega t) = \frac{1}{2\pi} \int_0^{2\pi} I_{Cm} \sin \omega t \, \mathrm{d}(\omega t) = \frac{1}{\pi} I_{Cm} \tag{5.1.6}$$

由于上面的平均值 I_{AV} 是单个电源提供的，因此在一个周期内的平均功率 P_V 为两个电

源提供的总功率，即

$$P_V = 2 \times U_{CC} I_{AV} = 2 \times U_{CC} \times \frac{1}{\pi} I_{Cm} = \frac{2}{\pi} U_{CC} I_{Cm} = \frac{2}{\pi} \frac{U_{CC} U_{CEm}}{R_L} \qquad (5.1.7)$$

将式(5.1.5)和式(5.1.7)代入式(5.1.2)，可得到乙类互补推挽功率放大器在理想状态下的效率为

$$\eta = \frac{P_{om}}{P_V} \times 100\% = \frac{\frac{1}{2} U_{CC} I_{Cm}}{\frac{2}{\pi} U_{CC} I_{Cm}} \times 100\% = \frac{\pi}{4} \times 100\% \approx 78.5\% \qquad (5.1.8)$$

3）管耗 P_T

根据能量守恒定律可知，每个管子的管耗为

$$P_T = \frac{1}{2}(P_V - P_o) = \frac{1}{2} \times \left(\frac{2}{\pi} U_{CC} I_{Cm} - \frac{1}{2} \frac{U_{CEm}^2}{R_L} \right)$$

$$= \frac{1}{2}\left(\frac{2}{\pi} \times \frac{U_{CC} U_{CEm}}{R_L} - \frac{1}{2} \frac{U_{CEm}^2}{R_L} \right) = \frac{1}{R_L}\left(\frac{U_{CC} U_{CEm}}{\pi} - \frac{U_{CEm}^2}{4} \right) \qquad (5.1.9)$$

将式(5.1.9)两边同时对 U_{CEm} 求导数，并令其为零，可得

$$\frac{dP_T}{dU_{CEm}} = \frac{1}{R_L}\left(\frac{U_{CC}}{\pi} - \frac{U_{CEm}}{2} \right) = 0 \qquad (5.1.10)$$

可求出当 $U_{CEm} = 2U_{CC}/\pi \approx 0.64 U_{CC}$ 时，管耗最大。可见最大管耗并不发生在输出最大时，而是发生在 $U_{CEm} \approx 0.64 U_{CC}$ 处。将 $U_{CEm} = 2U_{CC}/\pi$ 代入式(5.1.9)可得到每个管子的最大管耗为

$$P_{Tm} = \frac{1}{R_L}\left(\frac{2U_{CC}^2}{\pi^2} - \frac{U_{CC}^2}{\pi^2} \right) = \frac{1}{R_L}\left(\frac{2U_{CC}^2}{\pi^2} - \frac{U_{CC}^2}{\pi^2} \right) = \frac{1}{\pi^2} \frac{U_{CC}^2}{R_L} \qquad (5.1.11)$$

将 P_{Tm} 与理想状态下($U_{CEs} = 0$)的最大不失真输出功率 P_{om} 的公式(5.1.5)联立，可求得

$$P_{Tm} = \frac{1}{\pi^2} \frac{U_{CC}^2}{R_L} = \frac{2}{\pi^2} \frac{U_{CC}^2}{2R_L} = \frac{2}{\pi^2} P_{om} \approx 0.2 P_{om} \qquad (5.1.12)$$

式(5.1.12)表明，最大管耗的功率约为最大不失真($U_{CEs} = 0$)输出功率 P_{om} 的 0.2 倍。也就是说最大管耗并不出现在输出功率最大时，而是出现在输出功率为 $0.2P_{om}$ 时。

从以上分析可知，若想得到预期的最大输出功率，则功放管的选择需满足以下原则：

(1) 每个功放管的最大允许管耗 $P_{Tm} \geqslant 0.2 P_{om}$。

(2) 功放管集电极和发射极的最大电压 $U_{CEO} \geqslant 2U_{CC}$。

(3) 功放管的最大集电极电流 $I_{Cm} \geqslant I_{om}$，以保护功放管。

【例 5.1.1】 在图 5.1.2 所示的电路中，已知：$+U_{CC} = 12$ V，$-U_{CC} = -12$ V，$R_L = 8$ Ω，在理想状态下($U_{CEs} = 0$)，求 P_{om} 以及此时的 P_{Tm}、P_V 和效率 η，并选管。

解 在理想状态下($U_{CEs} = 0$)，由式(5.1.5)可得

$$P_{om} = \frac{1}{2} \frac{U_{CC}^2}{R_L} = \frac{1}{2} \times \frac{12^2}{8} = 9 \text{ W}$$

由式(5.1.7)可得

$$P_V = \frac{2}{\pi} \frac{U_{CC} U_{CEm}}{R_L} = \frac{2}{\pi} \frac{U_{CC}(U_{CC} - U_{ces})}{R_L} = \frac{2}{\pi} \frac{U_{CC}^2}{R_L} = \frac{4}{\pi} \times P_{om} = \frac{4}{\pi} \times 9 = 11.5 \text{ W}$$

由式(5.1.8)可得

$$\eta=\frac{P_{om}}{P_V}\times100\%=\frac{9}{11.5}\times100\%\approx78.5\%$$

由式(5.1.12)可得

$$P_{Tm}\approx0.2P_{om}=0.2\times9=1.8\text{ W}$$

功放管的选择只需满足 $U_{CEO}\geqslant2U_{CC}=2\times12=24$ V，$P_{Tm}\geqslant0.2P_{om}=2\times1.8=3.6$ W，$I_{Cm}\geqslant I_{om}=U_{CC}/R_L=12/8=1.5$ A 即可。

3. 交越失真

在图 5.1.3 的分析中，我们将三极管特性曲线折线化处理，而实际功放管的特性曲线为非线性，且发射结上存在着导通压降，在输入电压小于导通压降时，功放管截止，输出为零，在输出波形正负半周的交界处将造成波形失真，如图 5.1.5 所示。由于这种失真出现在通过零值处，故称为交越失真。

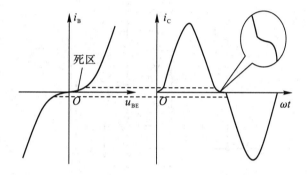

图 5.1.5　交越失真

交越失真的存在是乙类互补对称推挽功率放大器的严重不足，为了克服交越失真，需想办法克服功放管的死区电压，使每一个功放管处于微导通状态。当输入信号一旦加入，功放管马上可以进入线性放大区。为此引入如图 5.1.6 所示的电路，偏置电路中使用的关键性元件是二极管 V_{D1}、V_{D2}。当电路为静态($u_i=0$)时，由于二极管正向导通，在它们上各自产生了一个导通电压，在二极管 V_{D1}、V_{D2} 和三极管 V_{T1}、V_{T2} 构成的回路中，在二极管上产生的导通电压恰好用来克服三极管的死区电压，从而使得功放管 V_{T1} 和 V_{T2} 在静态时就处于微导通状态，只要输入信号稍有变化，功放管随即导通，进而消除了交越失真。我们将这种消除交越失真的功率放大电路称为甲乙类功率放大电路。

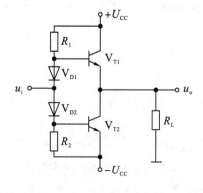

图 5.1.6　消除交越失真电路

二、单电源互补对称功率放大电路

双电源互补对称功率放大电路需要正负两个电源为其提供能量，在实际中有时使用起来极不方便，而且资源比较浪费。实际应用中，常采用单电源供电的互补对称功率放大电路(OTL)，如图 5.1.7 所示，其中 V_{T1} 为前置放大。和甲乙类 OCL 电路相比，此处仅用了一个正电源 $+U_{CC}$，功放管 V_{T2} 和 V_{T3} 两管的发射极通过一个大电容 C_2 接到负载 R_L 上。只要适当选择 R_1、R_2 和 R_E 的数值，给二极管 V_{D1}、V_{D2} 提供基极偏置电压，使功放管 V_{T2} 和 V_{T3} 工作在甲乙类状态即可。静态时($u_i=0$)，由于输出功放管的对称性，两管的共发射极处的电位为 $U_{CC}/2$，电容 C_2 被充电至 $U_{CC}/2$。由于电容 C_2 的隔直作用，R_L 上无电流流过，输出电压 $u_o=0$。

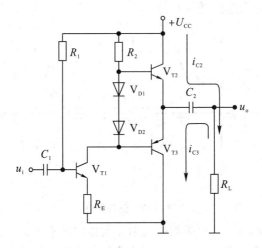

图 5.1.7　OTL 电路

工作过程如下：

(1) 当 $u_i>0$ 时，V_{T2} 管导通，电流如图中 i_{C2} 所示，U_{CC} 通过 V_{T2} 和 R_L 对 C_2 进行充电；

(2) 当 $u_i<0$ 时，V_{T3} 管导通，电流如图中 i_{C3} 所示，C_2 通过 V_{T3} 和 R_L 进行放电。

这样，在一个周期内，通过电容 C_2 的充、放电，在负载上得到完整的电压波形。

从单电源互补对称功率放大电路的工作原理可以看出，电容的放电起到了负电源的作用，从而相当于双电源工作，只是输出电压的幅度减少了一半，因此，最大输出功率、效率也都相应降低。

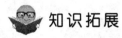 **知识拓展**

功率放大电路要求输出功率越大越好，也就是其输出电流也要非常大。而一般功率管的电流放大倍数不是很大，为了得到较大的输出电流，往往利用复合管来实现这一目标。而且在 OTL 电路中，要使输出信号的正负半周对称，就要求 NPN 与 PNP 两个互补管的特性基本一致。一般小功率管容易配对，但是大功率管配对就非常困难。有时，也常用复合管得以实现，组成互补对称功率放大电路。

所谓复合管，就是将两个或两个以上的功放管采用一定的连接方式，以实现电流放大作用或互补管一致性的要求,作为一个管子使用,具体的连接如图5.1.8所示。

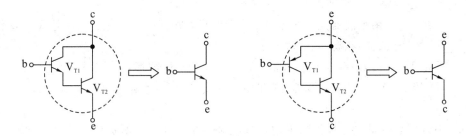

图5.1.8 复合管

复合管的组成原则如下:

(1)要确保两只管子的各电极电流都能按正常的方向流通。

(2)前管的集电极、发射极只能与后管的基极、集电极相连接。

复合管的特点如下:

(1)复合管的电流放大系数近似为各个管的放大系数之积。

(2)复合管的管型取决于第一个管子的管型。

技能训练——乙类和甲乙类互补对称电路的测试

按图5.1.9所示搭建乙类和甲乙类互补对称仿真电路。

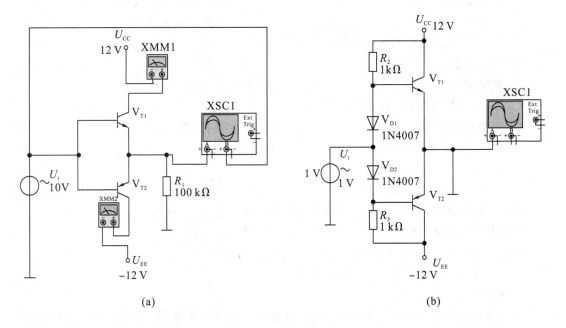

(a)   (b)

图5.1.9 乙类和甲乙类互补对称电路仿真测试

(1)$u_i=0$,测量两管集电极静态工作电流,并记录:$I_{C1}=$ _____,$I_{C2}=$ _____。
结论:互补对称电路的静态功耗 _____(为零/较大)。

（2）改变 u_i，使其 $f_i = 1\ kHz$，$U_{im} = 10\ V$，用示波器同时观察 u_i、u_o 的波形，并记录。结论：互补对称电路的输出波形_____（不失真/失真）。

（3）不接 V_{T2}，用示波器同时观察 u_i、u_o 的波形，并记录。结论：晶体管 V_{T1} 基本工作在_____（甲类/乙类）状态。

（4）不接 V_{T1}，接入 V_{T2}，用示波器同时观察 u_i、u_o 的波形，并记录。

（5）再接入 V_{T1}，用示波器测量 u_o 幅度 U_{om}，计算输出功率 P_o，并记录：$P_o = \underline{\quad\quad}$。

（6）用万用表测量电源提供的平均直流电流 I_o 值，计算电源提供功率 P_V、管耗 P_T 和效率 η，并记录：$P_T = \underline{\quad\quad}$，$\eta = \underline{\quad\quad}$。

结论：互补对称电路相对于甲类放大电路，其效率_____（较高/较低）。

（7）在甲乙类互补对称电路中，使其 $f_i = 1\ kHz$，$U_{im} = 1\ V$，用示波器同时观察 u_i、u_o 的波形，并记录。

结果表明，甲乙类单电源互补对称电路_____（可以/不可以）实现正常放大，但其不失真输出动态范围与甲乙类双电源互补对称电路相比_____（小/接近/大）。

思考练习题

1. 选择题

（1）不属于功率放大电路所要求的是（　　　）。

A. 足够的输出功率   B. 较高的电压放大倍数

C. 较高的功率   D. 较小的非线性失真

（2）带负载能力强的放大电路是（　　　）。

A. 阻容耦合放大电路   B. 差分放大电路

C. 共发射极放大电路   D. 射极输出器

（3）最适宜作功放末极的电路是（　　　）。

A. 甲类功率放大器   B. 乙类功率放大器

C. 甲乙类互补对称输出电路   D. OTL 电路

2. 填空题

（1）功率放大器要求有足够的_____、较高的_____和较小的_____。

（2）互补对称式功率放大器要求两个三极管特性_____，极性_____。

（3）甲乙类互补对称电路虽然效率降低了，但能有效克服_____。

（4）OCL 电路比 OTL 电路多用了一路_____，省去了_____。

（5）乙类互补对称电路最高工作效率为_____。

3. 判断题

（1）功率放大电路的最大输出功率是指在基本不失真的情况下，负载上可能获得的最大交流功率。（　　　）

（2）在功率放大电路中，输出功率越大，功放管的功耗越大。（　　　）

（3）由于功率放大电路中的晶体管也处于放大工作状态，所以也可采用微变等效电路方法。（　　　）

4. 功率放大器与电压放大器的主要区别是什么？功率放大器有哪些主要性能指标？

5. 乙类互补对称功率放大器为什么会产生交越失真？怎样消除交越失真？

6. 组成复合管时应遵循哪些原则？复合管有什么特点？

7. 功放电路如图 5.1.2 所示，设 $U_{CC} = 24$ V，$R_L = 8$ Ω，BJT 的极限参数为：$I_{Cm} = 5.5$ A，$U_{CEO} = 75$ V，$P_{Tm} = 10$ W，试求：

（1）最大输出功率 P_{om} 及最大输出时的 P_V 值；

（2）放大电路在 $\eta = 0.65$ 时的输出功率 P_o 的值。

【任务 5.2】　集成功率放大器及其应用

【任务目标】
- 熟悉常用集成功率放大器的型号和特性。
- 掌握集成功率放大器的典型应用。

【工作任务】
- 熟悉几种常用集成功率放大器的组成和使用方法。

由于集成功率放大器具有使用方便、成本不高、体积小、重量轻等优点，因而被广泛应用在收音机、录音机、电视机、直流伺服电路等功率放大中。当前国内外的集成功率放大器已有多种型号的产品。它们都具有体积小、工作稳定、易于安装和调试等特点。对于使用者来说，只要熟悉其外部特性并掌握其外部线路的正确连接方法，就能方便地使用它们。

5.2.1　集成功率放大器介绍

一、TDA2030 集成功率放大器

TDA2030 的电气性能稳定，并在内部集成了过载和热切断保护电路，能适应长时间连续工作。因为其金属外壳与负电源引脚相连，所以在单电源使用时，金属外壳可直接固定在散热片上并与地线（金属机箱）相接，无需绝缘，使用很方便。图 5.2.1 所示为 TDA2030 及其构成的功放模块。

图 5.2.1　TDA2030 及其构成的功放模块

TDA2030 的主要性能参数如下：
- 电源电压：$\pm 3 \sim \pm 18$ V
- 输出峰值电流：3.5 A
- 输入电阻：>0.5 MΩ
- 静态电流：<60 mA
- 电压增益：30 dB
- 频响：$0 \sim 140$ kHz

TDA2030 管脚的排列如图 5.2.2 所示。其中管脚 1 为反相输入端，管脚 2 为同相输入端，管脚 3 为输出端，管脚 4、5 分别为负、正电源接入端。TDA2030 集成功放的典型应用如图 5.2.3 所示。

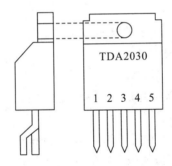

图 5.2.2　TDA2030 管脚的排列

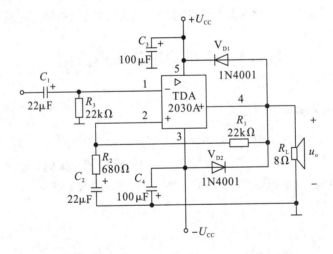

图 5.2.3　TDA2030 构成的 OCL 电路

输入信号 u_i 由同相端输入，R_1、R_2、C_2 构成交流电压串联负反馈，因此，闭环电压放大倍数为

$$A_{uF} = 1 + \frac{R_1}{R_2} \approx 33$$

为了保持两输入端直流电阻平衡，使输入级偏置电流相等，选择 $R_3 = R_1$；V_{D1}、V_{D2} 起保护作用，用来释放 R_L 产生的感应电压，将输出端的最大电压钳位于 $(U_{CC} + 0.7)$ V 和 $(U_{CC} - 0.7)$ V 上；C_3、C_4 为去耦电容，用于减少电源内阻对交流信号的影响；C_1、C_2 为耦合电容。

二、LM386 集成功率放大器

LM386 是一种音频集成功放，具有自身功耗低、电压增益可调、电源电压范围大、外接元件少等优点，主要应用于低电压消费类产品。为使外围元件最少，其电压增益内置为20。在 LM386 的脚 1 和脚 8 之间增加一只外接电阻和电容，便可将电压增益调为任意值，直至 200。输入端以地为参考，同时输出端被自动偏置到电源电压的一半。在 6 V 电源电压工作条件下，它的静态功耗仅为 24 mW，这使得 LM386 特别适用于电池供电的场合。

LM386 的封装形式有塑封 8 引线双列直插式和贴片式两种。由于它能灵活地应用于许多场合，通常又称为万用放大器。图 5.2.4 所示为 LM386 实物图及其构成的功放模块。

图 5.2.4　LM386 及其构成的功放模块

LM386 的主要性能参数如下：
- 电源电压：4～12 V
- 输入电阻：50 kΩ
- 额定功率：600 mW
- 静态电流：4 mA
- 电压增益：26～46 dB
- 带宽：300 kHz

LM386 的外形和管脚排列如图 5.2.5 所示。其额定工作电压范围为 4～12 V；当电源电压为 6 V 时，静态工作电流为 4 mA，因而极适合用电池供电；脚 1 和脚 8 之间用外接电阻、电容元件来调整电路的电压增益；电路的频响范围较宽，可达到 300 kHz；最大允许功耗为 660 mW，使用时不需散热片；工作电压为 4 V，负载电阻为 4 Ω 时，输出功率约300 mW。

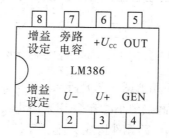

图 5.2.5　LM386 的外形和管脚排列

图 5.2.6 所示的电路是集成功率放大器 LM386 的典型用法。C_1 为输出电容，构成 OTL 电路；可调电位器 R_W 可调节扬声器的音量；R 和 C_2 串联构成校正网络来完成频率补偿，抵消电感高频的不良影响，防止自激；R_2 用来改变电压增益；C_5 为电源滤波电容；C_4 为旁路电容。

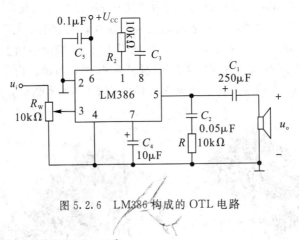

图 5.2.6　LM386 构成的 OTL 电路

三、LA4100 系列集成功率放大电路

LA4100 系列是日本三洋公司生产的 OTL 集成功放，它广泛用于收录机等电子设备中。

LA4100 系列集成功放的外形和管脚排列如图 5.2.7 所示，它是带散热片的 14 脚 DIP(双列直插式)塑料封装结构。其中管脚 1 为功放输出端；管脚 2、3 为公共地端；管脚 4、5 为消振端，通常在它们之间接一个小电容；管脚 6 为反馈端；管脚 7 和 11 为悬空端；管脚 8 为输入差分放大管的发射极引出端，一般悬空不用；管脚 9 为信号输入端；管脚 10 为纹波抑制端；管脚 12 为前级供电端；管脚 13 为自举端；管脚 14 为电源端。

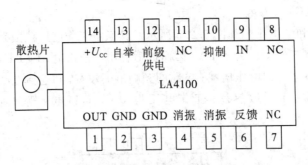

图 5.2.7　LA4100 的外形和管脚排列

LA4100 集成功放的典型应用如图 5.2.8 所示。其中，管脚 1 输出的信号经电容 C_5 耦合送到扬声器负载；管脚 4、5 间接的小电容 C_3 用来防止放大器产生高频自激振荡；管脚 6 外接的电容 C_2、电阻 R_1 与内部电路元件构成交流负反馈网络，调节 R_1，可适当改变放大倍数；管脚 13 外接自举电容 C_6，可以使输出管的动态范围增大。

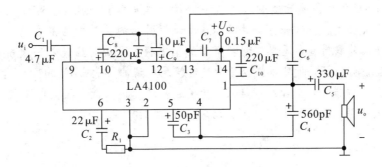

图 5.2.8　LA4100 构成的 OTL 电路

5.2.2　应用集成功率放大器应注意的问题

功率放大电路中的功率管既要流过很大的电流，又要承受很高的电压，所以为了保证功率放大电路中功率管的安全使用，在实际使用电路中，需要注意功率管的散热问题。

在功率放大电路中，直流电源提供的功率主要转化为两部分，一部分提供给负载，另一部分则由功率管主要以热能自身消耗。由于功率管在接近极限参数状态下工作，集电极的工作电流大，使集电结的结温升高，如果不采取措施把这些热量散发出去来降低结温，就会使功率管过热而损坏。如果采取适当措施散热，不仅可以提高功率管的输出功率，而且可使管子的使用寿命得以延长。所以功率管的散热问题，是功率管使用中的一个重要问题，必须引起足够重视。

通常的散热措施是给功率管加装散热片。散热片一般由导热性良好的金属材料制成，尺寸越大，散热能力越强。图 5.2.9 所示为常用散热片。

图 5.2.9　常用散热片示意图

散热效果与散热片的面积及其表面颜色有关，即面积、颜色与散热效果成正比，所以常把散热片涂成黑色，以提高散热效果。

 知识拓展

二　次　击　穿

功率管在正常工作且温度不是很高时，往往会出现功放突然失效的现象，这种现象大多数是因为功率管的"二次击穿"引起的。

图 5.2.10 所示为晶体三极管二次击穿曲线。当集电极电压 u_{CE} 从 O 点逐渐增大至 A 点时，出现一次击穿。一次击穿是由于 u_{CE} 过大而引起的正常的雪崩击穿。当一次击穿出现时，只要立即采取措施，适当控制功率管的集电极电流 i_C，且进入一次击穿的时间也不长，功率管就不会损坏，即可以恢复原状，这就是所谓的一次击穿。但是一次击穿出现后，如果没有采取有效措施，使 i_C 继续增大，功率管将迅速进入低电压大电流区（BC 段），这种现象称为二次击穿。二次击穿不可逆，功率管将彻底损坏。

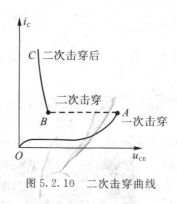

图 5.2.10　二次击穿曲线

思考练习题

1. 集成功率放大器使用注意事项有哪些？

2. 电路如图 5.2.6 所示，设直流电压 $U_{CC} = 6$ V，负载喇叭的阻抗 $R_L = 8$ Ω，试估算该电路的最大输出功率 P_{om}。

项目 5 小结

（1）功率放大器的特点：工作在大信号状态下，输出电压和输出电流都很大；要求在允许的失真条件下，尽可能提高输出功率和效率。

（2）互补对称功率放大器有 OCL、OTL 两种，是由两个管型相反的射极输出器组合而成的，两管轮流导通，然后在负载上合成一个完整的正弦波。两种电路的区别在于，OCL 用双电源供电，OTL 用单电源供电。

（3）集成功率放大器的特点：集成功率放大器具有体积小、重量轻、安装调试方便、外围电路简单等优点，是目前功率放大器发展的主要方向。

（4）功放管的散热与保护：功率放大管的散热和保护十分重要，直接关系到功率放大器能否输出足够大的功率和功放管安全工作的问题。

项目 6　直流稳压电源

【学习目标】

- 熟悉直流稳压电源的组成和各部分的作用。
- 掌握单相整流、滤波、稳压原理。
- 掌握串联稳压电源的工作原理。
- 熟悉三端稳压器的基本应用。
- 了解开关电源的特点、组成、原理等。

【技能目标】

- 学会分析常见直流稳压电源的方法。
- 能够设计简单的直流稳压电源，并制作调试成功。

【任务 6.1】　直流稳压电源的测试

【任务目标】

- 熟悉直流稳压电源的组成和各部分的作用。
- 掌握单相整流、滤波、稳压原理。
- 能够对直流稳压电源进行分析和计算。

【工作任务】

- 能够对直流稳压电源进行分析和计算。

当今社会人们极大地享受着电子设备带来的便利，但是任何电子设备都有一个共同的电路——电源电路。大到超级计算机、小到手机，所有的电子设备都必须在电源电路的支持下才能正常工作。可以说电源电路是一切电子设备的基础，没有电源电路就不会有如此种类繁多的电子设备。

6.1.1　直流稳压电源的组成

由于电子技术的特性，电子设备对电源电路的要求就是能够提供持续稳定、满足负载要求的电能，而且通常情况下都要求提供稳定的直流电能。提供这种稳定的直流电能的电源就是直流稳压电源。常见的直流稳压电源如图 6.1.1 所示。

通常获得直流电源的方法较多，如干电池、蓄电池等。但相对而言，最经济实用的还是利用交流电源经过变换而成的直流电源。一般情况下，获取中小功率直流电源的方

图 6.1.1　常见直流稳压电源

法是利用 220 V、50 Hz 的市电，先过变压器降压，再经整流和滤波电路后，得到一个幅值比较平滑的直流电压，最后再利用稳压电路使输出的直流电压稳定在负载需要的电压值上。

　　直流稳压电源是电子电路设备中直流供电最经济简便的能源转换设备。它由电源变压器、整流电路、滤波电路和稳压电路四部分组成，其构成框图如图 6.1.2 所示。

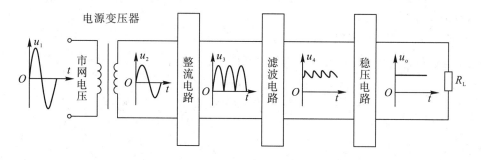

图 6.1.2　直流稳压电源构成框图

电源变压器：将交流电网电压变为合适的交流电压。

整流电路：将交流电压变为脉动的直流电压。

滤波电路：将脉动直流电压转变为平滑的直流电压。

稳压电路：清除电网波动及负载变化的影响，保持输出电压的稳定。

 相关知识

　　稳压电源的技术指标可以分为两大类：一类是特性指标，如输出电压、输出电流及电压调节范围等；另一类是质量指标，反映一个稳压电源的优劣，包括稳定度、等效内阻（输出电阻）、纹波电压及温度系数等。对稳压电源的性能，主要有以下四个方面的要求：

　　1. 稳压系数 S

　　稳压系数 S 是指当环境温度和负载不变时，稳压电路输出电压的相对变化量与稳压电路输入电压的相对变化量之比，即

$$S = \frac{\Delta U_o / U_o}{\Delta U_i / U_i} \tag{6.1.1}$$

　　稳压系数反映了稳压电路克服由于输入电压变化而引起输出电压变化的能力。此值越小越好，S 值越小，说明电路稳压性能越好。

168

2. 输出电阻 R_o

输出电阻 R_o 是指当稳压电路的输入电压与环境温度不变时，稳压电路输出电压的变化量与稳压电路输出电流的变化量之比，即

$$R_o = \frac{\Delta U_o}{\Delta I_o} \qquad (6.1.2)$$

输出电阻反映了稳压电路克服由于负载变化而引起输出电压变化的能力。此值越小越好，R_o 值越小，这种能力越强。输出电阻可小到 1 Ω，甚至 0.01 Ω。

3. 输出电压的温度系数 S_T

S_T 是指在规定的温度范围内，当稳压电路的输入电压、负载不变时，单位温度变化所引起的输出电压的变化量，即

$$S_T = \frac{\Delta U_o}{\Delta T} \qquad (6.1.3)$$

S_T 反映了稳压电路克服由于温度变化而引起输出电压变化的能力。S_T 值越小，这种能力越强。

4. 输出纹波电压

输出纹波电压是指稳压电路输出端交流分量的有效值。一般为毫伏数量级，它表示输出电压的微小波动。

技能训练——电源变压器的仿真测试

测试电路如图 6.1.3 所示，变压器的变比为 $n = 20:1$，其中 u_1 为 220 V、50 Hz 的市电，负载电阻 $R_L = 10$ kΩ，两个交流电压表 V_1、V_2 分别用来测量 u_1 和负载电阻两边的电压 u_o。

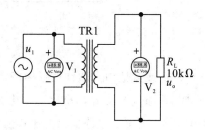

图 6.1.3　变压器测试仿真电路

训练步骤如下：

（1）按图 6.1.3 所示在 Proteus 或其他仿真软件里正确搭建电路。

（2）打开仿真开关，用示波器观察变压器输入电压 u_1、电路输出电压 u_o 波形，并记录：变压器初级输入电压幅值约为 _____ V，变压器次级输出电压幅值（峰值）约为 _____ V，因此，初级输入电压和次级输出电压之比约为 _____。

（3）观察到输入电压 u_1 是 _____（双极性/单极性），输出电压 u_o 是 _____（双极性/单极性）。

在图 6.1.2 所示的直流稳压电源构成框图中，变压器的作用就是将输入的市电变换成直流电源所需的交流电压。图 6.1.4 所示是常见的电源变压器。

图 6.1.4 常见的电源变压器

技能训练——整流电路仿真测试(半波整流)

测试电路如图 6.1.5 所示,变压器的变比为 $n=20:1$,其中 u_1 为 220 V、50 Hz 的市电,负载电阻 $R_L=10$ kΩ,V_D 为普通二极管;两个交流电压表 V_1 和 V_2 分别用来测量 u_2 和负载电阻两边的电压 u_o;示波器 X1 用来观测变压器次级输出电压 u_2、电路输出电压 u_o 波形。

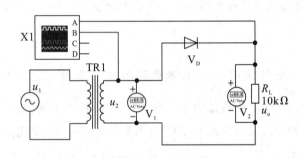

图 6.1.5 整流电路仿真图(半波整流)

训练步骤如下:

(1) 按图 6.1.5 所示在 Proteus 或其他仿真软件里正确搭建电路。

(2) 打开仿真开关,用示波器观察变压器输出电压 u_2、电路输出电压 u_o 波形,将波形绘制在图 6.1.6 所示的坐标轴中,同时记录:电路输出电压幅值(V_2 所测)约为_____ V,变压器次级输出电压幅值(V_1 所测)约为_____ V,因此,输出电压 u_o 和次级输出电压 U_2 幅值之比约为_____。

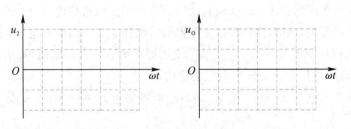

图 6.1.6 半波整流 u_2 和 u_o 波形

技能训练——整流电路仿真测试（桥式整流）

测试电路如图 6.1.7 所示，变压器的变比为 $n=20:1$，其中 u_1 为 220 V、50 Hz 的市电，负载电阻 $R_L=10$ kΩ，$V_{D1}\sim V_{D4}$ 为 4 个同一型号的普通二极管；电压表 V_1 和 V_2 分别用来测量 u_2 和负载电阻两边的电压 u_o；示波器 X1 用来观测变压器次级输出电压 u_2、电路输出电压 u_o 波形。

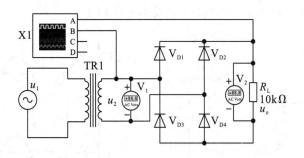

图 6.1.7　整流电路仿真图（桥式整流）

训练步骤如下：

（1）按图 6.1.7 所示在 Proteus 或其他仿真软件里正确搭建电路。

（2）打开仿真开关，用示波器观察变压器输出 u_2、电路输出电压 u_o 波形，将波形绘制在图 6.1.8 所示的坐标轴中，同时记录：变压器初次输出电压幅值（V_1 所测）约为＿＿＿＿ V，电路输出电压幅值（V_2 所测）约为＿＿＿＿ V，因此，输出电压 u_o 和次级输出电压 u_2 幅值之比约为＿＿＿＿。

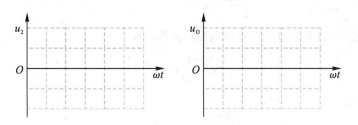

图 6.1.8　桥式整流 u_2 和 u_o 波形

（3）现观察到电压 u_2 是＿＿＿＿（双极性/单极性），输出电压 u_o 是＿＿＿＿（双极性/单极性），且是＿＿＿＿（全波/半波）波形。

6.1.2　整 流 电 路

整流是利用二极管的单向导电性将交流电变换成脉动直流电的过程。

在分析整流电路时，由于电路工作电压、电流较大，而二极管的正向压降及反向电流对电路的影响很小，为使分析简化，可将二极管视为理想开关器件，即二极管正向导通时，正向压降为零，看成短路；二极管反向截止时，反向电流为零，看成开路。

一、单相半波整流电路

1. 工作原理

单相半波整流电路如图 6.1.9(a)所示。u_1 为电源变压器初级电压，u_2 为次级电压，R_L 为负载电阻。设 $u_2 = \sqrt{2}U_2\sin\omega t(\text{V})$。在图示的 u_2 参考方向下，u_2 正半周时，二极管 V_D 受正向电压导通，$u_o = u_2$；u_2 负半周时，V_D 受反向电压截止，$u_o = 0$，波形如图 6.1.9(b)所示。这种整流只利用了 u_2 的半个周波，所以称为半波整流。

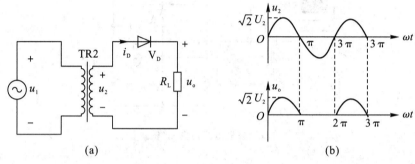

图 6.1.9 单相半波整流电路及波形

2. 电路计算

输出直流电压 U_o 是指半波脉动电压在一个周期内的平均值，即

$$U_o = \frac{1}{T}\int_0^T u_2\,\mathrm{d}t = \frac{1}{2\pi}\int_0^{2\pi}\sqrt{2}\,U_2\sin(\omega t)\mathrm{d}(\omega t)$$

$$= \frac{\sqrt{2}}{\pi}U_2 \approx 0.45\,U_2 \tag{6.1.4}$$

流过负载的电流和流过二极管的电流 i_D 相等，即

$$i_D = \frac{\sqrt{2}}{\pi}\frac{U_2}{R_L} \approx 0.45\,\frac{U_2}{R_L} \tag{6.1.5}$$

二极管承受的最大反向电压为

$$U_{DRM} = \sqrt{2}U_2$$

为保证电路可靠、安全地工作，选择二极管时要求：

$$i_{FM} = (1.5\sim2)i_D$$

$$U_{RM} = (1.5\sim2)U_{DRM}$$

半波整流电路线路简单，但输出电压脉动大，利用率低。

二、单相桥式整流电路

单相桥式整流电路如图 6.1.10(a)、(b)、(c)所示，其中，图 6.1.10(a)和图 6.1.10(b)都是常用画法，图 6.1.10(c)是简化画法。电路中 $V_{D1}\sim V_{D4}$ 这 4 只二极管接成电桥形式，其中二极管极性相同的一对角接负载电阻 R_L，二极管极性不同的一对角接交流电压。

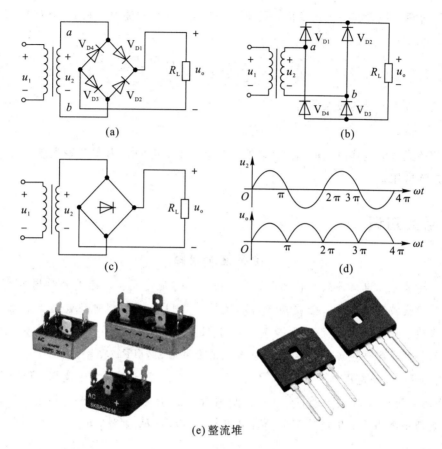

(a)　　　　　　　　(b)

(c)　　　　　　　　(d)

(e) 整流堆

图 6.1.10　单相桥式整流

1. 工作原理

设 $u_2 = \sqrt{2}\,U_2\sin\omega t\,(\text{V})$，当 u_2 为正半周时，电路中 a 点电位高于 b 点电位，二极管 V_{D1}、V_{D3} 导通，V_{D2}、V_{D4} 截止，电流流经的回路为 $a \to V_{D1} \to R_L \to V_{D3} \to b$，$u_o = u_2$；当 u_2 为负半周时，b 点电位高于 a 点电位，二极管 V_{D2}、V_{D4} 导通，V_{D1}、V_{D3} 截止，电流流经回路为 $b \to V_{D2} \to R_L \to V_{D4} \to a$，$u_o = -u_2$。

由以上分析可知，随着 u_2 正、负半周的交替变化，V_{D1}、V_{D3} 与 V_{D2}、V_{D4} 轮流导通，在负载 R_L 上得到单向全波脉动电压和电流，波形如图 6.1.10(d) 所示。为实际中使用方便，常将 4 个相同的二极管封装在一起组成整流桥，俗称整流堆，如图 6.1.10(e) 所示。

2. 电路计算

由于桥式整流一个周期输出两个半波脉动电压和电流，因此，在 U_2 相等的条件下，桥式整流输出的直流电压和直流电流是半波整流的二倍，即

$$U_o = \frac{2\sqrt{2}}{\pi}U_2 \approx 0.9\,U_2 \tag{6.1.6}$$

$$i_L = \frac{2\sqrt{2}}{\pi}\frac{U_2}{R_L} \approx 0.9\,\frac{U_2}{R_L} \tag{6.1.7}$$

由于每只二极管在一个周期内，只导通半个周期，因此流过二极管的电流为负载电流的一半，即

$$i_D = \frac{\sqrt{2}}{\pi} \frac{U_2}{R_L} \approx 0.45 \frac{U_2}{R_L}$$

每只二极管承受的最大反向电压为

$$U_{DRM} = \sqrt{2} U_2$$

单相桥式整流电路以其输出电压较高、脉动较小、电源利用率高等优点，在电源电路中得到广泛应用。

 相关知识

全波整流电路

由于半波整流电路的效率较低，于是人们很自然地想到将电源的负半周也利用起来，这样就有了全波整流电路。全波整流电路如图 6.1.11 所示。相对半波整流电路，全波整流电路多用了一个整流二极管 V_{D2}，变压器 TR1 的次级也增加了一个中心抽头，这个电路实质上是将两个半波整流电路组合到一起。在正半周期，TR1 次级上端为正，下端为负，V_{D1} 正向导通，电源电压加到 R_L 上，R_L 两端的电压上正下负；在负半周期，TR1 次级上端为负，下端为正，V_{D2} 正向导通，电源电压加到 R_L 上，R_L 两端的电压还是上正下负，这样电源正负两个半周的电压经过 V_{D1}、V_{D2} 整流后分别加到 R_L 两端，R_L 上得到的电压总是上正下负。

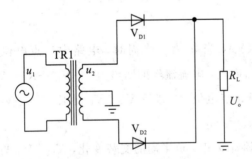

图 6.1.11 全波整流电路

由于全波整流电路的负载上得到的是全波脉动直流电压，所以它的输出电压 U_o 比半波多一倍，也就是 $U_o = 0.9U_2$。由于两个二极管是轮流导通的，因此每个管子的平均电流只有负载的一半，也就是，由图 6.1.11 可知，一个二极管导通，另一个二极管截止，则导通的那只二极管的最大反向电压 $U_{DRM} = 2\sqrt{2}U_2$。

全波整流电路只用两只二极管，就可以实现全波整流，但需要变压器二次线圈是双绕组的，也就是有中心抽头的，且要求对称，这就给制作增加了成本。

技能训练——整流电路仿真测试(全波整流)

测试电路如图 6.1.12 所示，变压器的变比为 $n=20:1$，其中 u_1 为 220 V、50 Hz 的市电，负载电阻 $R_L=10$ kΩ，V_{D1} 和 V_{D2} 为两个同一型号的普通二极管；电压表 V_1 和 V_2 别用来测量 u_2 和负载电阻两边的电压 u_o；示波器 X1 用来观测变压器次级输出电压、电路输出电压波形。

训练步骤如下：

(1) 按图 6.1.12 所示在 Proteus 或其他仿真软件里正确搭建电路。

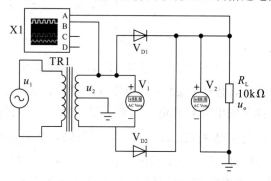

图 6.1.12　整流电路仿真图

(2) 打开仿真开关，用示波器观察变压器输出 u_2、电路输出电压 u_o 波形，将波形绘制在图 6.1.13 所示的坐标轴中，同时记录：变压器次级输出电压幅值(V_1 所测)约为_____ V，电路输出电压幅值(V_2 所测)约为_____ V，因此，输出电压 u_o 和次级输出电压 u_2 幅值之比约为_____。

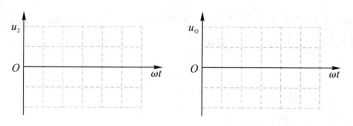

图 6.1.13　U_2 和 U_o 波形

(3) 观察到电压 u_2 是_____(双极性/单极性)，输出电压 u_o 是_____(双极性/单极性)，且是_____(全波/半波)波形。全波整流电路与桥式整流电路相比，虽然少了两个二极管，但是却用了带抽头的变压器。

6.1.3　滤波电路

一、工作原理

图 6.1.14(a)所示是单相桥式整流电容滤波电路。电容器 C 称为滤波电容，通常选用容量较大的电解电容，电容器与负载并联，电解电容有极性，其正极应接高电位，负极接

低电位，应注意不能接错。

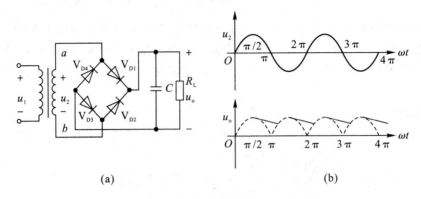

图 6.1.14　单相桥式整流电容滤波电路及波形

假设电容初始电压为零，电源接通后，u_2 由零开始升高，整流二极管 V_{D1}、V_{D3} 正向导通，电源对 R_L 供电，并同时向电容 C 充电。因充电回路时间常数很小，所以电容充电速度很快，可以认为 $u_o = u_2$。当 u_2 达到幅值 $\sqrt{2}U_2$ 后，u_2 又下降，由于电容电压不突变，u_2 的下降使 $u_o > u_2$，V_{D1}、V_{D3} 受反向电压截止，因此电容充电在 $u_2 = \sqrt{2}U_2$ 时结束。充电结束后，电容开始向 R_L 放电，由于放电时间常数较大，u_o 下降速度慢，当 u_2 的负半周电压绝对值 $|u_2| = u_o$ 时，电容放电结束，随后 $|u_2| > u_o$，二极管 V_{D2}、V_{D4} 正向导通，电源又对电容充电，这样周而复始地充、放电，使输出电压的起伏明显减小，即平滑多了，如图 6.1.14(b) 所示。

二、滤波电容和二极管的选择

放电回路的时间常数 $R_L C$ 对 u_o 的波形影响很大，$R_L C$ 越大，输出电压脉动越小，电压越高。为了获得比较平滑的电压，一般取

$$C = \frac{(3 \sim 5)T}{2R_L} \tag{6.1.8}$$

式中，T 为交流电压 u_2 的周期。

输出直流电压 U_o 按下面公式估算：

$$U_o \approx 1.2U_2 \tag{6.1.9}$$

流过二极管的平均电流仍为负载电流的一半，即

$$I_D = 0.5I_o = \frac{0.5U_o}{R_L}$$

由于滤波电容的作用，使二极管导通的时间变短，电流增大，故二极管的最大整流电流应按下式估算确定：

$$I_{FM} = (2 \sim 3)I_D$$

二极管承受的最高反向电压仍为 u_2 的最大值，即

$$U_{DRM} = \sqrt{2}U_2$$

【例 6.1.1】　一桥式整流电容滤波电路，已知 $U_2 = 20$ V，$R_L = 30$ Ω，要求输出电压脉动要小。试选择滤波电容的标称值和二极管的型号，并计算输出电压。

解　（1）选择滤波电容：

因为电源周期 $T = \dfrac{1}{f} = \dfrac{1}{50} = 0.02$ s，由式（6.1.8）可得

$$C = 5 \times \frac{T}{2R_L} = 5 \times \frac{0.02}{2 \times 30} \approx 1670\ \mu\text{F}$$

电容器的耐压值可按 $2U_2 = 2 \times 20 = 40$ V 确定，故最后选定 2200 μF/50 V 的电解电容。

（2）估算输出电压：

$$U_o = 1.2U_2 = 1.2 \times 20 = 24\ \text{V}$$

（3）确定二极管的参数：

流过二极管的电流为

$$I_D = \frac{1}{2}I_o = \frac{U_o}{2R_L} = \frac{24}{2 \times 30} = 0.4\ \text{A}$$

二极管承受的最高反向电压

$$U_{DRM} = \sqrt{2}U_2 = 1.41 \times 20 \approx 28\ \text{V}$$

根据计算数据，考虑留有一定余量，查手册，选型号为 2CZ55B 的整流二极管 4 只（其 $I_{FM} = 1$ A，$U_{RM} = 50$ V）。

技能训练——电容的充放电测试

测试电路如图 6.1.15 所示，直流电源 BATT = 12 V，充电电阻 $R_1 = 5$ kΩ，充电电容 $C = 1000$ μF，负载电阻 $R_L = 10$ kΩ，示波器 X1 用来观测电容两端电压 u_C 的波形。

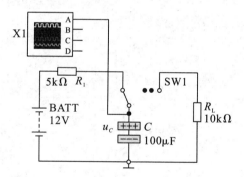

图 6.1.15　电容充放电测试仿真图

训练步骤如下：

（1）按图 6.1.15 所示在 Proteus 或其他仿真软件里正确搭建电路。

（2）打开仿真开关，用示波器观察电容两端电压 u_C 的波形，将 u_C 的波形绘制在图 6.1.16 所示的坐标轴中。

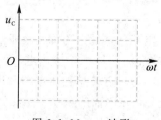

图 6.1.16　u_C 波形

技能训练——滤波电路仿真测试

测试电路如图 6.1.17 所示，变压器的变比为 $n=20:1$，其中 u_1 为 220 V、50 Hz 的市电，负载电阻 $R_L=10$ kΩ，$V_{D1}\sim V_{D4}$ 为 4 个同一型号的普通二极管，滤波电容 $C=1000$ μF；电压表 V_1 和 V_2 分别用来测量 U_2 和负载电阻两边的电压 U_o；示波器 X1 用来观测变压器次级输出电压 u_2、电路输出电压 u_o 波形。

训练步骤如下：

(1) 按图 6.1.17 所示在 Proteus 或其他仿真软件里正确搭建电路。

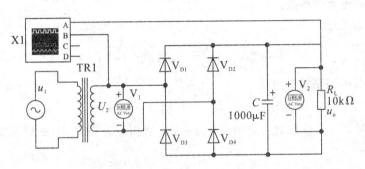

图 6.1.17　滤波电路仿真图

(2) 打开仿真开关，用示波器观察变压器输出 u_2、电路输出电压 u_o 波形，将波形绘制在图 6.1.18 所示的坐标轴中，同时记录：变压器次级输出电压幅值（V_1 所测）约为 _____ V，电路输出电压幅值（V_2 所测）约为 _____ V，因此，输出电压 u_o 和次级输出电压 u_2 幅值之比约为 _____。

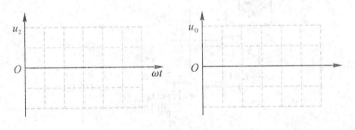

图 6.1.18　u_2 和 u_o 波形

(3) 观察到电压 u_2 是 _____（双极性/单极性），输出电压 u_o 是 _____（双极性/单极性），且是 _____（直流/交流）分量。滤波后输出电压的直流分量 _____（大于/等于/小于)滤波前输出电压的直流分量。

6.1.4　稳压电路

利用电路的调整作用使输出电压稳定的过程称为稳压。稳压电路是指在输入电压、负载、环境温度、电路参数等发生变化时仍能保持输出电压恒定的电路。这种电路能提供稳定的直流电源。稳压电路按电路类型分有简单稳压电路和反馈型稳压电路。常见的简单稳压电路是利用稳压二极管实现稳压，在前面的项目 1 里已经介绍过。这里主要介绍串联型稳压电路。

串联型稳压电路的组成框图如图 6.1.19 所示，一般由电压调整环节、比较放大电路、基准电源和采样电路四部分组成。采样电路的作用是把输出电压及其变化量采集出来加到比较放大电路的输入端；基准电源的作用是为稳压电路提供稳定的基准电压；比较放大电路是用于将采样电路采集的电压与基准电压进行比较并放大，推动电压调整环节工作；电压调整环节是在比较放大电路的推动下，根据调整量改变输出电压，使输出电压保持稳定。

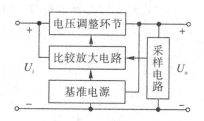

图 6.1.19　串联型稳压电路框图

常见的串联型稳压电路如图 6.1.20 所示。R_1、R_2 构成采样电路；R_3、V_{DZ} 为基准电源电路；V_{T1}、R_4 构成比较放大电路；V_{T2} 为电压调整环节；R_L 为负载。由于 V_{T2} 的电流与负载电流 I_o 近似相等，故可将 V_{T2} 与负载 R_L 看成是串联关系，所以此电路称为串联型稳压电路。

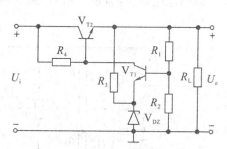

图 6.1.20　串联型稳压电路原理图

一、串联型稳压电路的工作原理

从图 6.1.20 可以看出，当 U_i 固定不变时，若负载减小，则输出电压 U_o 下降，通过 R_1、R_2 的分压作用，使 V_{T1} 基极电压 U_{B1} 下降，从而使 $U_{BE1}(=U_{B1}-U_{E1})$ 减小，而 U_{BE1} 的减小，使 I_{C1} 减小，U_{C1} 升高。又 $U_{C1}=U_{B2}$，由 V_{T2} 组成的放大电路为射极跟随器，$U_{E2} \approx U_{B2}$，$U_{E2}=U_o$，所以 U_o 升高，即通过调整，使 U_o 基本不变。其稳压过程可表示如下：

$$R_L \downarrow \to U_o \downarrow \to U_{B1} \downarrow \to U_{BE1} \downarrow \xrightarrow{U_{E1}不变} I_{C1} \downarrow \to U_{C1} \uparrow \to U_{B2} \uparrow \to U_{E2} \downarrow \to U_o \uparrow$$

同理，当负载增加时，使 U_o 升高，通过电路的反馈作用也使 U_o 基本保持不变。

当负载 R_L 不变时，若输入电压 U_i 升高，将使 U_o 升高，通过 R_1、R_2 的分压作用，使 V_{T1} 的 U_{B1} 升高，U_{BE1} 升高，I_{C1} 增大，U_{C1} 减小，即 U_{B2} 减小，进而使 U_{E2} 减小，U_o 下降，使 U_o 基本不变。其稳压过程如下：

$$U_i \uparrow \to U_o \uparrow \to U_{B1} \uparrow \to U_{BE1} \uparrow \xrightarrow{U_{E1}不变} I_{C1} \uparrow \to U_{C1} \downarrow \to U_{B2} \downarrow \to U_{E2} \downarrow \to U_o \downarrow$$

同理，当 U_i 下降时，使 U_o 下降，通过电路的反馈作用，也使 U_o 基本保持不变。

通过上述过程的分析可以看出，串联型晶体三极管稳压电路的输出电压是稳定的，且其稳定度随比较放大电路倍数的增大而提高。同时，由于输出电压 U_o 取决于采样电路的分压比和基准电压值，与输出电压、负载大小无关，这样通过改变采样电路的分压比就可以改变输出电压的大小，即输出电压连续可调。

二、串联型稳压电路的计算

下面分析线性稳压电路输出电压 U_o 与其基准电压 U_Z 之间的关系，如图 6.1.21 所示，可求得

$$U_{B2} = \frac{U_o}{R_1 + R_2 + R_w}(R_{w2} + R_2)$$

$$U_{B2} = (U_{BE2} + U_Z)$$

则有

$$\frac{U_o}{R_1 + R_2 + R_w}(R_{w2} + R_2) = U_{BE2} + U_Z$$

即

$$U_o = \frac{R_1 + R_2 + R_w}{R_{w2} + R_2}(U_{BE2} + U_Z) \tag{6.1.10}$$

由式(6.1.10)可以看出，输出电压 U_o 与基准电压 U_Z 成比例，而与取样电路中直接决定取样值大小的电阻 $R_2 + R_{w2}$ 成反比。

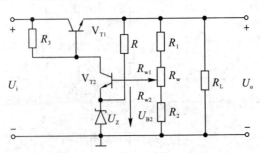

图 6.1.21 串联型稳压电路调节范围

当电位器 R_w 调至最低点，即 $R_{w2} = 0$ 时，输出电压 U_o 达到最大值 U_{omax}，其值为

$$U_{omax} = \frac{R_1 + R_2 + R_w}{R_2}(U_{BE2} + U_Z) \tag{6.1.11}$$

当电位器 R_w 调至最高点，即 $R_{w2} = R_w$ 时，输出电压 U_o 达到最小值 U_{omin}，其值为

$$U_{omin} = \frac{R_1 + R_2 + R_w}{R_w + R_2}(U_{BE2} + U_Z) \tag{6.1.12}$$

因此，带放大环节的三极管串联型线性稳压器电路可输出的稳定的输出电压 U_o 值的范围为

$$\frac{R_1 + R_2 + R_w}{R_w + R_2}(U_{BE2} + U_Z) \leqslant U_o \leqslant \frac{R_1 + R_2 + R_w}{R_2}(U_{BE2} + U_Z) \tag{6.1.13}$$

从以上分析可以看出，输出电压值取决于取样电阻和基准电压值，而与输入电压 U_i、负载 R_L 的大小无关。

【例 6.1.2】 电路如图 6.1.21 所示，已知 $U_i = 18$ V，$U_z = 4$ V，$R_1 = R_2 = R_w = 4.7$ kΩ，求该电路的输出电压调节范围。

解 由式(6.1.11)、式(6.1.12)可得

$$U_{omax} = \frac{R_1 + R_2 + R_w}{R_2}(U_{BE2} + U_z) = \frac{4.7 + 4.7 + 4.7}{4.7}(0.7 + 4) = 14.1 \text{ V}$$

$$U_{omin} = \frac{R_1 + R_2 + R_w}{R_w + R_2}(U_{BE2} + U_z) = \frac{4.7 + 4.7 + 4.7}{4.7 + 4.7}(0.7 + 4) = 7.05 \text{ V}$$

技能训练——串联型稳压电路仿真测试

测试电路如图 6.1.22 所示，变压器的变比为 $n = 20 : 1$，其中变压器的初级为 220 V、50 Hz 的市电，BR1 为整流堆；滤波电容 $C_0 = 1000$ μF，电位器 R_w 的改变用来仿真稳压电源的输出电压(串联稳压电源的输入)，电阻 R_1 和稳压管 V_D 为比较器提供基准电压源；V_{T2} 为电压调整管，V_{T1} 为比较放大器；R_2、R_p、R_3 构成采样电路，负载 $R_L = 10$ kΩ；电压表 V_1 和 V_2 分别用来测量稳压电源的输出电压(串联稳压的输入电压)和负载电阻两边的电压 U_o。

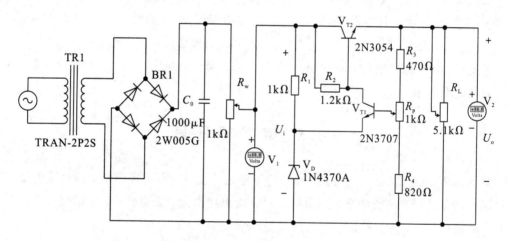

图 6.1.22 串联型稳压电路仿真图

训练步骤如下：

(1) 按图 6.1.22 所示在 Proteus 或其他仿真软件里正确搭建电路。

(2) 打开仿真开关，改变 R_w 使得输入电压 U_i 按表 6.1.1 所列各电压值改变，同时测出对应的输出电压，并记录在表 6.1.1 中。

表 6.1.1 输入电压改变时的输出电压

输入电压 U_i/V	8	10	12	15	13	11
输出电压 U_o/V						

仿真结果表明：当输入电压变化时，串联型稳压电路_____(能/不能)实现稳压。

(3) 改变负载 R_L 使其按表 6.1.2 所列各电阻值改变，同时测出对应的输出电压，并记录在表 6.1.2 中。

表 6.1.2　负载电阻改变时的输出电压

负载电阻 R_L/Ω	100	220	1 k	2 k	4.7 k	5.1 k
输出电压 U_o/V						

仿真结果表明：当负载电阻变化时，串联型稳压电路_____(能/不能)实现稳压。

（4）改变采样电阻 R_p，使其按表 6.1.3 所列各电阻值改变，同时测出对应的输出电压，并记录在表 6.1.3 中。

表 6.1.3　采样电阻改变时的输出电压

采样电阻 R_p/Ω	100	120	220	330	470	510
输出电压 U_o/V						

仿真结果表明：当电位器 R_p 调至最低点时，输出电压 U_o 达到最_____(大/小)值，其值为_____；当电位器 R_p 调至最高点时，输出电压 U_o 达到最_____(大/小)值，其值为_____。串联型稳压电路_____(能/不能)实现稳压。

结论：串联型稳压电路的输出电压与输入电压和负载电阻_____(有/无)关，与采样电阻和基准电压_____(有/无)关。

6.1.5　集成稳压器

集成稳压器又叫集成稳压电路，是指将不稳定的直流电压转换成稳定的直流电压的集成电路。用分立元件组成的稳压电源，其固有输出功率大，适应性较广，但因体积大、焊点多、可靠性差等而使其应用范围受到限制。

近年来，集成稳压电源已得到广泛应用，其中小功率的稳压电源以三端式串联型稳压器应用最为普遍。集成稳压器按接线端子多少和使用情况大致可分为三端固定式、三端可调式、多端可调式及单片开关式等几种。电路中常用的集成三端稳压器主要有 78XX 系列、79XX 系列、可调集成稳压器、精密电压基准集成稳压器等。

一、三端稳压器的特点

把稳压电路及其保护电路等制作在一块硅片上，就形成了集成稳压电路。它具有体积小、重量轻、使用调整方便、运行可靠和价格低廉等一系列优点，因而得到广泛应用。目前集成稳压电源的规格种类繁多，具体电路结构也有差异。最简便的是三端集成稳压电路，因其只有三个引线端，即输入端、输出端及公共端，故称为三端稳压器。常见的三端集成稳压器如图 6.1.23 所示。

图 6.1.23　三端集成稳压器

二、三端稳压器的类型

三端稳压器分为两大类，即固定式和可调式。固定式三端稳压器的输出电压固定不变，不用调节，它的型号主要有 W78XX 和 W79XX 两个系列。W78XX 系列为正电压输出，W79XX 系列为负电压输出。其中，最后两位数"XX"表示稳压器输出电压值，如"W7805"表示输出电压为 +5 V，"W7912"表示输出电压为 −12 V。

通常三端稳压器输出的电压等级主要有 5 V、6 V、9 V、12 V、15 V、18 V、24 V 等。

W78XX 系列的 1 端为输入端，2 端为输出端，3 端为公共端；W79XX 系列的 1 端为公共端，2 端为输出端，3 端为输入端。

可调式三端集成稳压器的输出电压可在一定范围内连续可调，其外形及表示符号与固定式完全相同，只是型号不同。可调集成稳压器常见的国内型号有 CW117/CW217/CW317 和 CW137/CW237/CW337，对应国外型号为 LM117/LM217/LM317 和 LM137/LM237/LM337。其中 17 系列为正电压稳压器，37 系列为负电压稳压器。常见的三端可调稳压器实物如图 6.1.24 所示。

图 6.1.24　常见三端可调稳压器

三、三端稳压器的基本应用电路

三端稳压器的基本应用电路如图 6.1.25 所示。其中，电容 C_1 是在输入引线较长时用于抵消其电感效应，以防止产生自激；电容 C_2 用来减小输出脉动电压并改善负载的瞬态效应。使用时，应防止公共端开路。

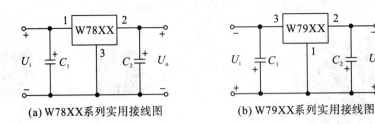

(a) W78XX系列实用接线图   (b) W79XX系列实用接线图

图 6.1.25　三端稳压器实用接线图

技能训练——三端稳压器仿真测试

测试电路如图 6.1.26 所示，其中 W 为三端稳压器 7805；BAT 为直流电压源，通过与电位器 R_w 和电阻 R_1 构成的串联电路，来模拟加到 W 的输入电压 U_i 的变化；负载电阻 $R_L = 1\ \text{k}\Omega$；电压表 V_1 和 V_2 分别用来测量三端稳压器 7805 的输入电压 U_i 和负载电阻两边的电压 U_o。

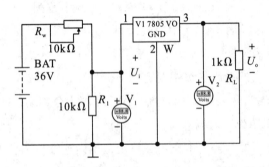

图 6.1.26　三端稳压器仿真图

训练步骤如下：

（1）按图 6.1.26 所示在 Proteus 或其他仿真软件里正确搭建电路。

（2）打开仿真开关，改变 R_w 使得输入电压 U_i 按表 6.1.4 所列各电压值改变，同时测出对应的输出电压，并记录在表 6.1.4 中。

表 6.1.4　输入电压改变时的输出电压

输入电压 U_i/V	6	9	12	14	16	18
输出电压 U_o/V						

仿真结果表明：当输入电压变化时，三端稳压器的输出电压_____（变/不变）。

（3）改变负载 R_L 使其按表 6.1.5 所列各电阻值改变，同时测出对应的输出电压，并记录在表 6.1.5 中。

表 6.1.5　负载电阻改变时的输出电压

负载电阻 R_L/Ω	100	1 k	2 k	4.7 k	6.1 k	10 k
输出电压 U_o/V						

仿真结果表明：当负载电阻变化时，三端稳压器的输出电压_____（变/不变）。

结论：三端稳压器的输出电压与输入电压和负载电阻_____（有/无）关。

思考练习题

1. 选择题

(1) 要求输出稳定电压＋10 V，集成稳压器应选用的型号是(　　)。

A. W7812　　　　B. W317　　　　C. W7909　　　　D. W337

(2) 整流电路的目的是(　　)。

A. 将直流变为交流　　　　　　　B. 将交流变为直流

C. 将高频变为低频　　　　　　　D. 将正弦变为非正弦

(3) 一般来说，稳压电路属于(　　)电路。

A. 负反馈自动调整　B. 负反馈放大　C. 直流电路　　D. 交流放大

(4) 下列指标属于稳压电源特性指标的是(　　)。

A. 稳压系数 S　　B. 输出电流 I_o　　C. 输出电阻 R_o　　D. 电压调整率 K_V

(5) 串联型稳压电路如图 6.1.21 所示，该电路实质上是一个(　　)电路。

A. 电压并联负反馈　B. 电压串联负反馈　C. 电流串联负反馈

2. 判断题

(1) 串联型晶体三极管稳压电路的基本原理是将一个称为调整管的晶体三极管作为可变电阻，当输出电压变化时，调整管的等效电阻将变化。(　　)

(2) 串联型稳压电源的调整管在输出电压稳定时不工作，不稳定时才工作，调整输出电压。(　　)

(3) 稳压电路的输出电阻越小，它的稳压性能就越好。(　　)

(4) 对于稳压器来讲，一般要求输出电压可调，因此它的电压调整率是越大越好。(　　)

(5) 硅稳压二极管稳压电路的稳压精度不高，输出电流可很大。(　　)

3. 电路如图 6.1.27 所示，设二极管均为理想二极管，$u_s = 10\sin\omega t(\text{V})$。

(1) 画出负载 R_L 两端电压 u_o 的波形；

(2) 若 V_{D3} 开路，试重画 u_o 的波形；

(3) 若 V_{D3} 被短路，会出现什么现象？

(4) 若 V_{D3} 被短路，则在输入电压的正半周将使电源短路，烧坏电源。此说法是否正确？

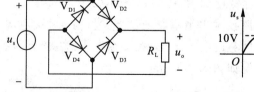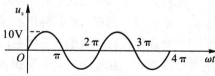

图 6.1.27　第 3 题图

4. 在电路板上，二极管的排列如图 6.1.28 所示，如何在各端点上接入交流电压和负载电阻，实现桥式整流。

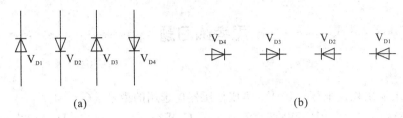

(a)　　　　　　　　　　　　　　(b)

图 6.1.28　第 4 题图

5. 电路图 6.1.29 所示，合理连线，构成 5 V 的直流电源。

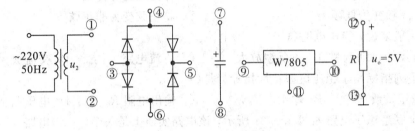

图 6.1.29　第 5 题图

【任务 6.2】　开关电源的认识和使用

【任务目标】
· 了解开关电源的相关知识。

【工作任务】
· 开关电源的使用。

6.2.1　开关电源的认识

在前面介绍的串联型晶体管稳压电路中，由于调整管工作在线性放大区，功耗很大，不仅效率低，而且需要散热，因此体积较大，又笨重。这种稳压电源已无法满足集成度日益增高、体积日益减小的电子设备，如计算机的需要，基于此，开关式稳压电路就应运而生了。

开关电源是利用现代电力电子技术，控制开关管开通和关断的时间比率，维持稳定输出电压的一种电源，开关电源一般由脉冲宽度调制（PWM）控制 IC 和 MOSFET 构成。随着电力电子技术的发展和创新，开关电源技术也在不断地创新。目前，开关电源以小型、轻量和高效率的特点被广泛应用于几乎所有的电子设备，是当今电子信息产业飞速发展不可缺少的一种电源方式。常见的开关电源如图 6.2.1 所示。

图 6.2.1　开关电源

6.2.2 开关电源的使用

开关稳压电路的工作原理示意图如图 6.2.2 所示，在图 6.6.2(a)中，开关 S 表示工作于开关状态的调整管，称为调整开关。调整开关以一定的频率导通和关断，并在负载上输出脉冲电压，如图 6.6.2(b)所示，其输出电压平均值为

$$U_o = \frac{t_1}{T}U_i = qU_i \qquad (6.2.1)$$

式中，t_1 为脉冲宽度，即开关接通的时间；T 为脉冲的周期，即开关的工作周期；U_i 为输入电压；q 为占空比，即 $q = t_1/T$。

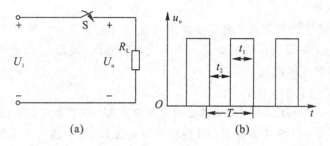

图 6.2.2 开关稳压电路工作原理示意

从式(6.2.1)可以看出，要想改变输出电压，可通过改变脉冲的占空比来实现。具体有两种方法可以实现：一种是固定开关的频率，改变脉冲的宽度 t_1，使输出电压变化，这种方式称为脉宽调制型开关电源，通常用 PWM 表示；另一种是固定脉冲宽度而改变脉冲的周期使输出电压变化，这种方式称为脉冲率调制型开关电源，通常用 PFM 表示。目前较为流行的是 PWM 调节方式。

与线性电源相同，开关电源也是用电路本身形成的反馈回路来实现自动调节的，只是在电路中，除了有采样环节、基准电源、比较放大电路以外，还增加了电压—脉冲转换电路。

脉宽调制型开关电源是由把比较放大器的输出电压转换成脉冲宽度的脉宽调制器和一个固定频率的脉冲振荡器组成的。图 6.2.3 所示电路就是一个 PWM 型开关电源电路图。图中 I_s 是恒流源，V_{T1} 是调整开关，V_{T2} 是驱动管，V_D 是续流二极管，L 是储能器并与 C 组成滤波器，R 和 V_{D2} 是基准电源，R_1、R_p 和 R_2 组成采样电路，A 是比较放大器，PWM 是电压—脉宽转换电路。电路工作原理本书不作叙述。

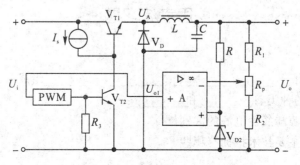

图 6.2.3 脉宽调制型开关电源

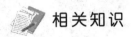 **相关知识**

开 关 电 源

1. 主要用途

开关电源产品广泛应用于工业自动化控制、军工设备、科研设备、LED 照明、工控设备、通讯设备、电力设备、仪器仪表、医疗设备、半导体制冷制热、空气净化器、电子冰箱、液晶显示器、视听产品、安防监控、电脑机箱和数码产品等领域。

2. 主要类型

开关电源可分为 DC/DC 和 AC/DC 两大类。

1) DC/DC 变换

DC/DC 变换是将固定的直流电压变换成可变的直流电压，也称为直流斩波。斩波器的工作方式有两种：一是脉宽调制方式，T_s 不变，改变 t_{on}（通用）；二是频率调制方式，t_{on} 不变，改变 T_s（易产生干扰）。

其具体的电路有以下几类：

(1) Buck 电路——降压斩波器，其输出平均电压 U_o 小于输入电压 U_i，极性相同。

(2) Boost 电路——升压斩波器，其输出平均电压 U_o 大于输入电压 U_i，极性相同。

(3) Buck-Boost 电路——降压或升压斩波器，其输出平均电压 U_o 大于或小于输入电压 U_i，极性相反。

(4) Cuk 电路——降压或升压斩波器，其输出平均电压 U_o 大于或小于输入电压 U_i，极性相反，电容传输。

2) AC/DC 变换

AC/DC 变换是将交流变换为直流，其功率流向可以是双向的，功率流由电源流向负载的称为"整流"，功率流由负载返回电源的称为"有源逆变"。

3. 发展方向

开关电源高频化是其发展的方向。高频化使开关电源小型化，并使开关电源进入更广泛的应用领域，特别是在高新技术领域的应用，推动了开关电源的发展，每年以超过两位数字的增长率向着轻、小、薄、低噪声、高可靠、抗干扰的方向发展。另外，开关电源的发展与应用在节约能源、节约资源及保护环境方面都具有重要的意义。

--- 思考练习题 ---

1. 填空题

(1) 开关电源由_____、_____、_____、_____组成。

(2) 开关电源的种类有_____和_____。

2. 简述开关电源与线性电源的区别。

3. 开关电源的主要技术指标有哪些？

项目 6 小结

（1）直流稳压电源是电子设备中的重要组成部分，用于将交流电转变为稳定的直流电。它一般由电源变压器、整流电路、滤波电路和稳压电路等组成。对直流稳压电源的主要要求是：输入电压变化或负载变化时，输出电压应保持稳定。

（2）为了保证输出电压不受电网电压、负载和温度的变化而产生波动，一般在整流、滤波后再接入稳压电路，在小功率供电系统中，通常采用串联型稳压电路，而对于中、大功率稳压电源一般则采用开关稳压电路。

（3）串联型稳压电路是利用三极管作为调整器件与负载串联，从输出电压中取出一部分电压，与基准电压进行比较产生误差电压，该误差电压放大后去控制调整管，从而使输出电压稳定。它一般由取样电路、基准电路、比较放大电路和调整电路组成。

（4）三端集成稳压器具有体积小、安装方便、工作可靠等优点。它有固定电压输出和可调电压输出以及正电压输出和负电压输出之分。78XX 系列为固定正电压输出，79XX 系列为固定负电压输出。使用时应注意稳压器的管脚排列的差异。

（5）开关稳压电源是通过控制开关管的导通时间来使输出电压稳定的，它具有效率高，稳压效果好等优点，在中、大功率电源中得到广泛应用。

参 考 文 献

[1] 刘恩华．模拟电子技术与应用．北京：北京交通大学出版社，2010.

[2] 胡晏如．模拟电子技术及应用．北京：高等教育出版社，2011.

[3] 蒋卓勤，邓玉元．Multisim2001 及其在电子设计中的应用．西安：西安电子科技大学出版社，2003.

[4] 林春方．电子线路学习指导与实训．北京：电子工业出版社，2004.

[5] 董兵．模拟电子技术与实训教程．北京：北京邮电大学出版社，2016.

[6] 赵媛．电子技术与应用．西安：西安电子科技大出版社，2014.

[7] 朱力恒．电子技术仿真实验教程．北京：电子工业出版社，2004.

[8] 马安良．电子技术．北京：中国水利水电出版社，2006.

[9] 周润景．PROTEUS 入门实用教程．北京：机械工业出版社，2011.